Superius et Inferius
idem

Sine Igne nihil
Operamur

TRAITÉ
DE LA CHYMIE

*Enseignant par vne briciue et facile
methode toutes ses plus necessaires
preparations.*

Par

CHRISTOPHLE GLASER

*Apothiquaire ordinaire du Roy
et de Monseigneur le Duc
Dorleans.*

A Paris chez l'Autheur

TRAITÉ

DE LA

CHYMIE,

ENSEIGNANT PAR UNE
briéve & facile Methode toutes ses plus necessaires preparations.

Par feu CHRISTOPHLE GLASER,
Apoticaire ordinaire du Roy & de
Monseigneur le Duc d'Orleans,

NOUVELLE EDITION.

Reveuë & augmentée en toutes ses
parties, principalement dans la troisiéme que la mort de l'Autheur avoit
empeché de mettre en sa Perfection.

A PARIS.
Chez JEAN DHOURY, à l'Image
Saint Jean sur le Quay des
Augustins.

M. DC. LXXII.

A MESSIRE

ANTOINE VALLOT,

SEIGNEUR DE MAGNANT ET DANDEVILLE, CONSEILLER du Roy en ſes Conſeils d'Eſtat & Privé, premier Medecin de ſa Majeſté.

M ONSIEVR,

Il y a quelque temps que je fis mettre ſous la preſſe un petit Traité de Chymie pour la commodité de ceux qui aſſiſtent aux Leçons que j'en fais tous les ans par vos ordres

ã

EPISTRE.

du Iardin du Roy; j'eus dans le
mesme temps le dessein de vous l'of-
frir, mais apres avoir examiné le
peu de proportion qu'il y avoit de
mon Ouvrage avec ce que je vous
devois, j'ay crû, MONSIEVR, qu'il
y auroit eu de la temerité de dedier
un Livre qui n'expliquoit que confusement & avec des expressions ru-
des, les Mysteres de la Chymie, à
une personne qui a des lumieres particulieres de ce bel Art, & qui voit
clair dans tout ce que la Nature a
de plus caché; Cependant comme
je me suis imposé la necessité de re-
connoistre en quelque maniere les
graces que vous me faites continuellement, je n'ay pas crû que mon
peu de merite deust prevaloir à mon
zele, & j'ay estimé qu'il m'estoit
plus glorieux de vous presenter cette
Seconde Edition, que de demeurer
ingrat & méconnoissant : Ie l'ay
augmentée de quelques experiences,

EPISTRE

& enrichie de nouvelles découvertes que j'ay faites depuis l'Impression de la Premiere; Et comme le public en a receu quelque utilité, j'ay cru qu'il falloit qu'il reconnut que ce n'est qu'à la grandeur de vos liberalitez qu'il en a l'obligation. Je vous supplie tres-humblement, MONSIEVR, de la recevoir comme un témoignage de ma reconnoissance, & comme une preuve de la passion que j'ay de me rendre digne de l'employ dont vous m'avez honoré, & comme un effet de la soumission avec laquelle je suis,

MONSIEVR,

Vostre tres-humble & tres-
obeissant serviteur,
C. GLASER.

LE LIBRAIRE
AU LECTEUR.

PREFACE

'Accueil favorable que le public a donné aux impreſſions precedentes de ce Livre, m'en a fait entreprendre cette Troiſiéme, où j'ay tâché de m'accommoder entièrement au deſſein de l'Autheur ; puiſque la premiere fois qu'il a mis cét ouvrage au jour, il ne l'a fait que dans la penſée d'eſtre utile à tous ceux qui ſe plaiſent à la Chymie, en leur donnant l'éclairciſſement des choſes fort cachées, avec une maniere tres-ſimple & tres-aiſée pour les pratiquer. Dans la ſeconde edition, non ſeulement il l'enrichit de quelques figures, & l'augmenta de nouvelles experiences, mais encore il l'accompagna d'une epiſtre Dedicatoire à Monſieur VALLOT, que ſon meri-

PREFACE.

té & fon fçavoir avoient eſlevé de ſon
vivant à la charge de premier & tres-
digne Medecin de ſa Majeſté : & aux
Mannes duquel nous voulons bien encore rendre cét honneur que de conſerver icy la meſme Dedicace que luy
addreſſa l'Autheur de ce Traité ; lors
que par ſes ordres il feſoit les leçons
& preparations Chymiques en public
dans le Jardin Royal ; où il a fait
voir & ſa franchiſe auſſi bien par ſon
travail comme dans ſes écrits, & le
deſir qu'il avoit de reconnoiſtre l'honneur qu'il recevoit en ſatisfaiſant à
l'intention de ſon Bien-faicteur, & à
l'inclination naturelle qu'il avoit aux
operations de la Chymie, pour rendre
ſes lumieres communes à tout le monde. En quoy ſon procedé eſtoit d'autant plus à eſtimer, que la methode
qu'il nous a laiſſé, eſt claire & facile
pour pratiquer toutes les preparations
qu'il enſeigne dans ce petit Traité, où
l'on rencontrera dans peu de mots la
ſubſtance entiere de pluſieurs grands
Livres. Ceux qui prendront la peine
de le lire & de le bien conſiderer n'y
remarqueront rien d'ennuyant ny de

superflu, ny mefme rien d'obmis de
ce que l'on doit fçavoir : Et quoy-que
l'on n'y trouve pas la preparation de
toutes chofes, on y trouvera pourtant
des exemples fuffifans pour les plus neceffaires en ce bel Art. On doit s'af-
feurer qu'il ne donne pas la moindre
operation, fans l'avoir auparavant mife en pratique, & que l'on ne puiffe
faire apres luy, en fuivant les regles
qu'il en a prefcrites, car loin de ca-
cher aucun tour de main, il découvre
fincerement tous les moyens propres
pour devenir bon Artifte, & toutes
les circonftances neceffaires pour parvenir à des connoiffances plus grandes
en travaillant. Il ne parle que fort fuc-
cinctement de la Theorie, mais il en
dit affez pour n'oublier rien de ce
qu'il eft befoin de fçavoir fur les operations des Mineraux & Vegetaux.
Pour la troifiéme partie qui traite des
Animaux, nous avertiffons le Lecteur
que nous avons pris foin de le fervir
en cette derniere edition, & que fe-
condant le zele de l'Autheur, (lequel
apparemment prevenu de la mort, n'a-
voit pas mis la derniere main à cette

Section,) nous la luy donnons plus
achevée & plus entiere, foit par la
communication que nous avons eu de
fes papiers depuis fon deceds, foit par
l'heureux fecours que nous a prefté
une perfonne auffi éclairée dans le plus
profond de la Phyfique, & dans le
plus fin de la Medecine, que bien in-
tentionnée pour le bien public; laquelle a bien voulu dérober quelques heures a fon eftude particulier, pour me
dicter la meilleure partie de ce que
l'on trouvera augmenté dans ce Traité : & entr'autres à l'occafion de la
Vipere dont il eft fait mention, a
bien voulu encore faire un prefent
gratuit à la Pofterité d'une Theriaque véritablement Royale, qu'il n'a-
voit inventée & foigneufement re-
cherchée que pour fon ufage, & laquelle pour fes bons effects doit affeurement l'emporter fur celle des
Anciens, qui n'eftoit deftinée feulement que pour les Empereurs & tef-
tes Couronnées. Reçois donc, amy
Lecteur, en bonne part toutes les pei-
nes que j'ay pris & que je confacre
avec affection à ton utilité.

APPROBATION.

NOVS fouffignez Docteurs Regens en la Faculté de Medecine à Paris, avons leu ce Traité de Chymie composé par Christophle Glaser, où la plus-part des Operations Chymiques font descrites avec beaucoup de netteté & de Jugement, & l'avons jugé digne d'eftre imprimé de nouveau. Cette Troifiéme Edition eftant enrichie de quelques obfervations neceffaires & de plufieurs defcriptions fort curieufes & fort utiles. Fait à Paris ce vingt-cinquiéme Octobre mil fix cens foixante & douze.

LE VIGNON.

DE BOVRGES.

D. PUYLON. Doyen.

TRAITÉ
DE LA
CHYMIE.

LIVRE PREMIER.

CHAPITRE I.

Des Noms & definition de la Chymie.

NOSTRE deſſein dans ce Traité eſt de donner une connoiſſance particuliere de la Chymie, tant pour ſa Theorie que pour ſa Pratique, par une methode la plus

A

succincte & la plus intelligible de toû-
tes ; & nous commencerons par les
divers noms qui luy ont esté donnez
tant par les Anciens que par les Modernes : l'ethimologie du nom de la Chymie vient du mot Grec χέειν, qui si-
gnifie fondre, de là vient qu'on l'appelle Philosophie fusoire ; ou si ón
veut on la tirera de χίμος, c'est à dire suc, à cause qu'elle enseigne à extraire le suc interne des corps ; on
l'appelle aussi spagyrie de πσᾶν, ou
separer ; & ἀχείρειν, qui veut dire as-
sembler, à cause que par elle on separe & rassemble les substances ;
quelques-uns l'appellent Pyrotechnie,
parce que ses operations s'accomplis-
sent par le feu : d'autres l'appellent
art distillatoire, puis que cette operation est celle dont on se sert le plus.
D'autres enfin l'art Hermetique, pource que Hermes est un de ses plus ce-
lebres & plus anciens Autheurs ; on
y adjouste la particule, al, pour dire
Alchimie, à l'imitation des Arabes,
lesquels s'en servent pour exprimer
l'excellence des choses ; mais sans
nous arrester aux differens noms, nous

nous tiendrons à celuy de Chymie, comme eſtant le plus en uſage. Et quoy que les Autheurs luy ayent donné pluſieurs definitions, ceux-là l'ont aſſez bien definie, qui veulent que la Chymie ſoit un art ſcientifique, par lequel on apprend à diſſoudre les corps pour en tirer les diverſes ſub-ſtances dont ils ſont compoſez, & à les reünir & raſſembler pour en faire des corps exaltez.

CHAPITRE II.

De l'utilité de la Chymie.

CEux qui ont quelque connoiſſan-ce de la veritable Chymie, ſont ſans doute pleinement perſuadez de l'utilité que cette belle ſcience appor-te à ceux qui prennent plaiſir à la cul-tiver, puis qu'elle eſt la clef capable d'ouvrir aux Phyſiciens la porte des ſecrets naturels, en reduiſant toutes choſes dans leurs principes ; leur don-nant des nouvelles formes, & imi-tant la Nature dans toutes ſes pro-

ductions & alterations Phyfiques ;
fans elle le Medecin auroit de la peine à connoiftre les fermentations, les
efferuefcences , & les manieres des
diftillations, & autres diverfes operations qui fe font dans le corps humain, & qui font la caufe de plufieurs
maladies, aufquelles ils ne pourroient
auffi remedier fans l'affiftance de la
Chymie, qui fournit par fes diverfes
operations les meilleurs remedes de
la Medecine dans les affections les
plus inveterées & les plus opiniaftres,
où le fecours des remedes ordinaires
paroît inutile. Les Chirurgiens. de
mefme ne fçauroient fe paffer de la
Chymie , & ne peuvent avec bon
fuccez entreprendre la guerifon de
toutes les maladies qui font de leur
art, fans les remedes Chymiques , &
fans la connoiffance de leur action ;
& il eft impoffible que les Apotiquaires faffent bien artiftement toutes
leurs compofitions s'ils ne fçavent
conferver la principale vertu des ingrediens, & feparer ce qu'il y a d'impur & d'eterogene dans les mixtions
naturelles, comme inutile à leur inten-

tion ; ce qui ne s'apprend que par l'aide de ce bel & excellent Art. Enfin, tous les Arts mechaniques les plus relevez ont befoin de l'affiftance de la Chymie : Pour exemple, les Peintres ne fçauroient avoir une couleur vive & éclatante fi la Chymie ne la leur fournit ; les Graveurs ne peuvent travailler plus commodément que par le moyen des efprits corrofifs ; les Teinturiers ne fçauroient exalter leurs teintures fans l'inftruction qu'ils ont des Chymiftes : On pourroit alleguer une infinité d'autres exemples qui prouveroient l'utilité ou pluftoft la neceffité de cette fcience, mais la briéveté que nous affectons nous oblige de les obmettre.

CHAPITRE III.

De l'objet & de la matiere de la Chymie, & de fes fonctions.

LA Chymie eft d'une tres-grande eftenduë, ayant pour objet tous les corps des trois familles , fçavoir

de l'animale, de la vegetable, & de
la minerale, lefquels elle reduit par
le feu en diverfes fubftances, que les
Philofophes appellent principes, &
en eftabliffent cinq, dont il y en a
trois actifs & deux paffifs; les actifs
font l'efprit qu'on appelle Mercure,
l'huile qu'on nomme foulfre, & le fel;
les paffifs font l'eau ou le flegme, &
la terre : on leur donne ces noms à
caufe de la fimilitude qu'ils ont avec
le Mercure, le foulfre, le fel commun, l'eau & la terre elementaire; le
Mercure nous paroît dans la refolu-
tion des corps en forme d'une liqueur
tres fubtile; le foulfre fe découvre à
l'odeur & au gouft, pour le diftinguer
du flegme inodore & infipide, qui
monte quelquefois avec luy, & il
nous paroît en forme d'huile penetrante & inflammable; le fel demeure
joint avec la terre jufques à ce qu'on
l'en fepare par l'elixation; Or pendant que ces divers principes demeurent dans la mixtion que leur a donné
la nature, ceux qui font actifs font
confondus avec les paffifs, en forte
que leur vertu demeure cachée & en-

ſevelie, mais la Chymie venant à les
ſeparer, les purifie chacun à part, puis
les reünit pour en faire des corps,
bien plus purs, plus actifs & plus excellens qu'ils n'eſtoient auparavant.
Nous traiterons de chacun de ces principes en particulier.

CHAPITRE IV.

*Des trois principes actifs, Mercure,
Soulfre & Sel.*

POur commencer par l'eſprit ou
Mercure, comme le plus excellent & le plus noble, & qui des trois
dans la reſolution des choſes ſe pre-
ſente le premier à nos ſens, nous dirons que c'eſt une ſubſtance legere,
ſubtile & penetrante qui donne la vie
& le mouvement aux corps, les fait
vegeter & croître, & parce qu'il eſt
continuellement en action & en mouvement, il ne ſubſiſteroit pas long-
temps dans les corps s'il n'eſtoit retenu par les autres principes plus ſtables
que luy, de là s'enſuit que les mixtes

A iiij

où cette substance subtile predomine
ne sont pas fort durables : Ce qu'on
peut remarquer aux animaux & vegetaux qui perissent bien plustoft que
ne sont les mineraux & metaux, lesquels sont presque destituez de ce
principe.

Le soulfre est le second principe
actif, mais inferieur à l'esprit en activité, sa substance est oleagineuse, subtile, penetrante & inflammable, on
le reduit difficilement en principe pur
aussi bien que les autres, lors qu'il
contient quelques particules spiritueu-
ses ; il surnage l'eau comme font les
huiles aromatiques subtiles, de rosmarin, sauge, terebentine & autres,
& s'il contient quelque portion de
Sel & de terre, c'est alors une huile
crasse & pesante qui va au milieu &
au fonds de l'eau, ce qu'on remarque aux huiles des gommes, bitumes,
bois, &c. qui se distillent par le feu
violent, c'est ce principe qu'on dit
estre la cause de la beauté ou de la
difformité des animaux, des differentes couleurs & odeurs des vegetaux,
& de la ductilité & malleabilité des

metaux. Il fait la liaifon des autres
principes, lefquels fans luy ne fe pourroient entretenir pour le peu de ra-
port qu'il y a entr'eux ; il preferve
les corps de la corruption , adoucit
l'acrimonie des fels & des efprits, &
eftant d'une nature ignée, il garantit
les vegetaux où il abonde du froid, de
la gelée, & des autres injures des fai-
fons , comme il eft aifé à remarquer
aux Cyprés, aux fapins & autres vegetaux femblables qui gardent toûjours leur verdeur.

Le troifiéme des principes actifs eft
le Sel , qui fe découvre apres que les
fubftances volatiles font evaporées où
exhalées, pource qu'il refte fixe avec
la terre, de laquelle on le fepare par
diffolution & evaporation, alors il fe
prefente à nous en corps friable aifé à
mettre en poudre , ce qui témoigne
fa feichereffe, laquelle le fait appéter
l'humidité, qu'il attire de l'air fi puiffamment qu'en peu de temps il fe reduit en liqueur : Le Sel fe purifie par
le feu & eft incombuftible, il retient
l'efprit & preferve le foulfre de la
combuftion, & leur fert de bafe & de

fondement; il cauſe les ſaveurs differentes, & rend les corps où il abonde
durables & preſque incorruptibles :
par exemple, le cheſne qui contient
peu d'huile & beaucoup de ſel, eſt
d'une longue durée, & pluſieurs autres mixtes qui ſont de meſme nature.

CHAPITRE V.

Des principes paſſifs, le flegme & la terre.

IL nous reſte à parler des principes
paſſifs, deſquels l'eau ou le flegme
tient le premier rang, quoy qu'elle
ſemble eſtre de nulle valeur dans les
corps, & meſme nuiſible, puiſque
les ſubſtances où l'eau abonde ſe pour-
riſſent facilement, elle ne laiſſe pas
pour cela d'avoir ſes uſages, c'eſt par
elle que le ſel ſe diſſout & s'incorpore avec l'eſprit & l'huile, que le ſel
apres leur union retiendroit par trop,
& empeſcheroit leur action & mouvement vegetatif, s'ils n'eſtoient en
quelque façon déliez par l'eau ; elle

corrige auſſi l'acrimonie du ſel & de l'eſprit, & empeſche l'inflammabilité de l'huile. La terre eſt le dernier des principes, & quoy qu'on la conſide-re comme peu utile dans les mixtions naturelles, elle ne laiſſe pas d'y eſtre neceſſaire, puiſqu'elle retient le ſel & les autres principes actifs, leſquels pourroient eſtre facilement diſſouts & emportez par l'eau. Lors qu'elle eſt entierement privée des autres, on l'appelle terre damnée, elle eſt peu neceſſaire dans la Chymie, ſi ce n'eſt pour moderer la fluʋibilité des ſels; ainſi nous n'eſtimons pas eſtre neceſ-faire d'en parler plus amplement.

CHAPITRE VI.

Des diverſes operations dont on ſe
ſert pour ouvrir & reduire les
mixtes en leur principe.

LEs mixtes pris tant de vegetaux que des animaux & mineraux ſont infinis en nombre, & ont des substances fort differentes en dureté, solidité, pesanteur, molesse, porosité & legereté, & c'est ce qui a obligé les Artistes de rechercher toute sorte de moyens pour en venir à bout, & de mettre en usage une infinité d'operations necessaires ; suivant donc la forme externe des mixtes, il les faut inciser, contuser, pulueriser, alkooliser, rasper, scier, leviger, granuler, laminer, fondre, liquefier, pulueriser, digerer, infuser, macerer, cohober, calciner, fumiger, amalgamer, cementer, distiller, rectifier, sublimer, extraire, fermenter, evaporer, exhaler, coaguler, stratifier, fulminer, detoner, decrepiter, precipiter, cribler, laver, couler, filtrer, fixer, circuler, esteindre, volatiser, dissoudre, vitrifier, exalter, revivifier, spiritualiser, congeler, cristalliser, mortifier, corporifier, & une infinité d'autres operations, desquelles la plus grande partie portent leur explication, les autres doivent estre enseignées aux nouveaux dans la Chymie : Ce que nous ferons briévement & clairement, & les mettrons par ordre alphabetique pour la commodité du Lecteur.

Alkoolifer, eſt reduire les matieres ſolides en poudre tres-ſubtile & impalpable, & dépoüiller & purifier les eſprits & eſſences des impuretez & du phlegme qu'ils pourroient contenir ; d'où vient qu'on appelle alkool de vin, ſon eſprit bien rectifié & ſeparé de ſon phlegme.

Amalgamer, c'eſt calciner quelque metal par le moyen du vif-argent, ou mercure vulgaire, cette operation ſert pour reduire les metaux parfaits en tres-petites parcelles : car lors qu'ils ſont incorporez enſemble on fait exhaler à petit feu le mercure, lequel laiſſe au fonds du creuſet le metal reduit en poudre, & le rend plus propre à eſtre diſſout en liqueur par les menſtruës : cette operation eſt familiere aux Orphévres & Doreurs, leſquels par ſon moyen rendent l'or fluide & extenſible ſur les ouvrages qu'ils veulent dorer : Notez que le fer & le cuivre ne s'amalgament pas avec le mercure, ces deux metaux eſtans fort impurs, & terreſtres, ayant peu de rapport au mercure, qui eſt d'une ſubſtance ſubtile & pure.

Calciner, eſt reduire en chaux ou poudre par le feu actuel ou potentiel; le feu actuel eſt noſtre feu ordinaire, & materiel que nous entretenons par les matieres combuſtibles, comme bois, charbon, & autres : le potentiel eſt le feu des eaües fortes, & eſprits corroſifs ; la calcination convient plus aux mineraux qu'aux vegetaux & animaux, leſquels ont peut ciniſier par la ſimple combuſtion ; mais les mineraux & metaux demandent des feux tres-actifs & tres-violens, comme nous enſeignerons dans la pratique.

On cemente pour puriſier & examiner l'or, lequel on reduit en lame, & on le met dans un creuſet avec du ciment royal, qui conſume & reduit en ſcories les autres metaux qui ſont mélez avec l'or.

On circule des matieres liquides dans des vaiſſeaux propres par un feu convenable, tantoſt pour fixer les eſprits volatils, tantoſt pour volatiſer les ſels fixes, c'eſt une des plus importantes operations de la Chymie.

Coaguler, eſt rendre dures & ſolides les choſes qui auparavant eſtoient molles & liquides par la privation & conſumption de leur humidité, comme on remarque en evaporant les liqueurs qui contiennent quelque ſel, ou en mélant des eſprits corroſifs avec des ſels fixes : par exemple, la liqueur de criſtal ou de caillou mélé avec de l'eau forte, ſe coagulent en une maſſe ſolide eſtans mélez enſemble, quoy que chacun à part fut liquide comme de l'eau.

Cohober, eſt diſtiller pluſieurs fois une meſme choſe, en remettant la liqueur diſtillée ſur la matiere qui reſte dans le fonds du vaiſſeau diſtillatoire, & la diſtillant derechef elle ſe fait ou pour mieux ouvrir les corps & pour les volatiſer, ou bien pour fixer les eſprits; & ſuivant les matieres & l'intention de l'artiſte, cette operation eſt plus ou moins reïterée.

Congeler, eſt laiſſer rendurcir par le froid les corps que le feu avoit auparavant fondus ou liquifiez, cette operation ſe pratique ſur les metaux mineraux & ſels, leſquels on purifie par la violence du feu de fufion, & lors qu'on les expofe à l'air froid, ils fe congelent & rendurciffent ; cela fe remarque auffi dans les graiffes des animaux, & dans les gommes, refines & baumes des vegetaux, lefquels eftans liquefiez par le feu, & leurs parties groffieres en eftans feparées fe congelent en les expofant à l'air froid.

Corporifer, eft faire prendre corps aux efprits, ce qui fe pratique fouvent avec les efprits acides qu'on met ou avec des fels fixes ou avec des terres arides : par exemple, en mettant de l'efprit de nitre ou de l'eau forte avec le fel fixe de tartre, le dernier retient fi eftroitement le premier, que de ces deux on fait de bon falpétre : Et quand on met du vinaigre tres-fort ou quelque efprit acide fur le coral ou fur des perles, ils retiennent auffitoft l'acidité que les liqueurs contenoient, laquelle acidité fe fixe avec ces corps.

Criftalifer, eft reduire en criftaux le nitre, fels, vitriols, & autres qu'on a auparayant diffouts, filtrez, d'epurez

rez, & evaporez jufques à la pellicule, puis on les expofe à l'air froid où
les fels fe congelent peu à peu, &
en retenant quelque portion de l'eau
avec laquelle ils avoient efté diffouts,
ils paroiffent diaphanes & criftallins,
laquelle tranfparence ils perdent à la
moindre chaleur du Soleil, qui les
prive de l'eau, & les rend opaques.

Detonner & fulminer, eft chaffer
des mineraux leur foulfre impur &
volatil, en confervant le foulphre interne & fixe : cette operation fe pratique par le moyen du falpétre en
preparant l'antimoine & autres.

Digerer, eft cuire les chofes par
une chaleur moderée, approchante de
celle de nos eftomacs, par le moyen
de laquelle nous cuifons les fubftances cruës, nous meuriffons & adou-
ciffons les acerbes & afpres, nous fe-
parons les pures d'avec les impures,
& tirons le fuc ou la meilleure partie
de chaque corps : La digeftion fe fait
pour l'ordinaire avec addition de
quelque menftruë convenable à la
matiere, elle ne differe de la maceration, qu'en ce qu'il faut de la chaleur,

B

& la maceration se fait à froid.

Dissoudre, est reduire les corps durs & compactes en forme liquide par le moyen des dissoluans, comme on voit en la dissolution de l'or par l'eau regale, celle de l'argent, mercure, & autres par les eauës fortes.

Edulcorer, est oster par lotions & effusions reïterées, l'impression des sels & esprits aux preparations Chymiques, comme magisteres precipités, & autres.

Esteindre, c'est plonger une matiere rougie au feu dans l'eau froide: elle se pratique principalement sur les metaux & mineraux, soit pour les rendre friables, comme on voit en l'extinction des cailloux dans l'eau, ou pour leur imprimer quelque vertu des liqueurs, dans lesquelles on les esteint, comme on peut remarquer en l'extinction de la tuthie dans l'eau rose ou de fenoüil, ou pour imprimer mesme quelque vertu dans l'eau, comme par l'extinction de l'acier.

Evaporer & exhaler, different en ce que l'on fait exhaler les corps secs & evaporer les humides : par exemple, lors qu'on a amalgamé quelque corps mettallique , & que l'on veut reduire le metal en forme de chaux ou de poudre, on fait exhaler sur le feu le mercure, & le metal calciné se trouve au fonds du creuset ; comme aussi quand on veut reduire quelque metal en chaux par le moyen du soulfre , on les calcine ensemble & on en fait exhaler le soulfre ; mais les evaporations se font lors que par exemple on chasse l'humidité superfluë des sels & des extraicts purifiez par plusieurs solutions & filtrations , pour les reduire en la forme & consistence necessaire pour leur conservation.

Extraire, est separer des animaux & vegetaux les parties les plus pures d'avec les grossieres & terrestres par des menstruës convenables propres à tirer les substances que l'artiste desire : par exemple, on tire la substance resineuse de Ialap par l'esprit de vin , à cause que la resine est la partie sulphureuse du Ialap, & que l'esprit de vin est aussi plein de soulfre subtil , ainsi ces deux se joignent facilement. Il en eft de mefme d'une infinité d'autres extractions, aufquelles il eft neceffaire que l'árftite aye égard, & les faffe par des menftruës ou liqueurs convenables aux fubftances qu'il fe propofe de tirer.

Fermenter, eft reduire les parties volatiles & fpiritueufes des mixtes de puiffance en acte, & les développer des parties groffieres & terreftres, comme on peut remarquer aux liqueurs fermentées, & particulierement au vin qui a paffé par la fermentation, lequel rend facilement fon efprit inflammable par la moindre chaleur du feu; le mouft au contraire retient les parties fpiriteufes, & fulphureufes fubtiles, & fe reduit en confiftence de miel, qu'on appelle fape, fans rien perdre de fa fubftance qu'une eau infipide ou phlegme; car les parties actives & volatiles font fi bien accrochées & retenuës par les fels fixes, qu'ils ne s'envolent que par la violence du feu, ou par l'action de la fermentation : elle a beaucoup de rapport avec la digeftion, hormis que celle-cy fe fait par l'ayde de la cha-

leur externe ; celle-là au contraire se
fait par ses propres vertus, & par le
feu naturel & interne des mixtes.

Filtrer porte quasi son explication :
la filtration la plus commode se fait
par le papier gris dans l'entonnoir de
verre.

Fixer, est arrester quelque corps volatil de soy, en sorte qu'il puisse resister au feu : cette operation s'accom-
plit par le moyen des corps fixes. On
en peut faire l'experience sur le sel
armoniac, lequel quoy que tres-vo-
latil, mélé avec la chaux vive, est fixé
en sorte que sa plus grande partie resiste à la violence du feu, par laquelle
il eust esté enlevé, s'il eust esté seul.

Fondre, appartient à la metallique,
& est une operation par laquelle on
rend les metaux coulans avec l'ayde
du feu, lequel on administre fort ou
moderé, selon la nature & dureté du
metal ou mineral que l'on veut fondre.

Fumiger, est faire recevoir à un
mixte suspendu les vapeurs d'un
ou de plusieurs autres mixtes, pour
le calciner ou pour le corriger, ou

pour luy imprimer quelque nouvelle
qualité : comme par exemple, on fuf-
pend des lamines de plomb fur du
mercure , que l'on fait exhaler dans
un creufet fur le feu pour calciner lef-
dites lamines : on fait recevoir la fumée du foulfre à la fcamonée eftenduë fur du papier pour reprimer fon
activité : on fait recevoir à la mouffe
bien lavée, la fumée des aromatiques
pour luy imprimer leur odeur & qualité.

Granuler, eft verfer peu à peu dans
de l'eau froide quelque métal fondu
pour l'y faire congeler en grains , &
en le divifant le rendre plus propre à
eftre diffout.

Laver , eft ofter par le moyen de
l'eau les impuretez groffieres de quelque mixte : on lave auffi pour feparer
& faire monter dans l'eau la partie la
plus déliée des mineraux , & laiffer
la plus groffiere & terreftre au fonds,
comme par exemple la preparation de
la litharge.

Leviger , eft rendre un mixte en
poudre impalpable fur le porphyre ou
fur l'écaille de Mer : cette prepara-

tion s'exerce fur les mixtes les plus folides, & fur tous les mineraux.

Liquefier, eft propre aux graiffes des animaux, comme cire, gommes, refines, qui fe liquifient par une petite chaleur, & reprenent leur confiftence au froid.

Mortifier, c'eft détruire la forme exterieure d'un mixte ; ce que l'on fait au mercure, en luy oftant la fluidité & fon mouvement : on mortifie auffi en quelque forte les efprits & les fels en les mélant, car l'un corrige l'acrimonie de l'autre.

Precipiter, eft feparer le mixte diffout, & le faire tomber au fonds de fon diffoluant en poudre : la precipitation fe fait par le moyen des fels, lefquels verfez fur la diffolution détruifent la force du diffoluant, & le contraignent d'abandonner le mixte, lequel il avoit diffout : ce que nous remarquons en la precipitation du corail & autres.

Putrifier les corps, eft les refoudre par pourriture naturelle, par le moyen de l'humidité prédominante fur le fec.

On raſpe, on ſcie, on lime les mixtes les plus ſolides, tant des vegetaux que des animaux & mineraux, pour les mieux ouvrir & faciliter leur diſſolution ou preparation : ces operations n'ont pas beſoin d'autre explication.

Rectifier, eſt diſtiller de nouveau les eſprits, pour les rendre plus ſubtils & exalter leurs vertus.

Reduire, eſt redonner aux chaux des métaux la forme metallique, laquelle ils avoient auparavant, & ce par la violence du feu & l'ayde de quelques ſels reductifs, comme nitre, tartre, borax, & autres.

Reverberer, eſt reduire les corps en chaux par un feu violent entourant la matiere : cette operation ſe fait ou à feu ouvert, ou à feu clos, qui eſt quand il y a un dome ſur le fourneau: on ſe ſert auſſi du feu de reverberation clos pour pouſſer les eſprits, & les huiles par la retorte, on l'appelle feu de reverbere, parce que la chaleur du feu rebat & agit de tous coſtez ſur la matiere, ou ſur le vaiſſeau qui la contient.

Revivifier,

Revivifier, eſt contraire à la mortifi-
cation, puis que par cette operation le
mercure qui avoit eſté reduit en ſublimé, cinabre, precipité, & autres, eſt
reduit en mercure coulant, comme auparavant, nous le monſtrerons en ſon
lieu.

Spiritualiſer, eſt reduire les corps
compactes en eſprits, comme on pratique ſur les ſels, leſquels ſe peuvent
tout a fait reduire en eſprit par la diſtillation, & le meſme eſprit ne peut
eſtre recorporifié, ſans addition de
quelque corps qui ſoit capable de le
retenir.

Stratifier, ſert à la cementation, &
ſe pratique en mettant une partie de
quelque poudre, ou matiere corroſive au fonds de quelque creuſet ou vaiſſeau calcinatoire, & par deſſus quelque partie de la matiere que l'on veut
corroder, ou ouvrir, puis pardeſſus derechef de la poudre corroſive, puis par
deſſus de la matiere; & ainſi en continuant couche ſur couche, & finiſſant
par la poudre corroſive comme l'on
avoit commencé.

Sublimer, eſt faire exhaler & mon-

C

ter un corps fec, & s'arrefter en parties feches au haut du vaiffeau, & ce
par le moyen d'un feu reglé. Par cét-
te operation certains corps font fublimez tout à fait, comme le foufphre &
le mercure, d'autres le font en partie,
comme l'antimoine fublimé en fleurs,
le benjoin & autres.

Vitrifier, eft reduire les pierres,
métaux, mineraux, cendres, & autres, en une maffe tranfparente & dure comme verre, par le moyen d'un
feu tres-violent ; ce que l'on voit en la
vitrification de l'antimoine, du plomb,
& autres.

CHAPITRE VII.

La varieté des vaiffeaux qui fer-
vent aux operations Chymiques.

POur bien venir à bout des operations Chymiques, il faut eftre bien
muny d'inftrumens & des vaiffeaux
neceffaires ; car comme il y a fort peu
de matiere qui fe puiffent preparer à
feu nud, on eft obligé de les loger dans

quelque vaiſſeau convenable que l'on
poſe avec d'exterité ſur le feu, lequel
on ménage diverſement ſuivant le ju_
gement & l'intention de l'artiſte.

Il faut conſiderer les vaiſſeaux, ou
ſelon leur matiere, ou ſelon leur forme : la matiere des vaiſſeaux doit eſtre
choiſie bien nette & reſſerrée, qui ne
puiſſe eſtre penétrée, & qui puiſſe le
moins imprimer ſes qualitez au me-
dicament, comme ſont principalement le verre, la terre de potier, & le
grais, le cuivre & l'eſtain peuvent
quelquefois ſervir aux diſtillations &
preparations des vegetaux : toutesfois
il eſt neceſſaire d'eſtammer les vaiſſeaux de cuivre pour empeſcher qu'il
ne communique pas ſitoſt ſa qualité
vitriolique, nuiſible aux medicamens.

La difference de la forme des vaiſſeaux dont on ſe ſert dans la Chymie
eſt preſque infinie ; nous ne parlerons
pourtant que de ceux qui ſont neceſſaires dans le laboratoire, & laiſſerons
à un chacun la liberté d'en inventer
ceux qu'il jugera propres à ſon deſſein.

On ſe ſert de cucurbites de terre
ou de vèrre couvertes de leur chapi-

teau ou alambic, lefquelles on place
dans le bain Marie de cendres ou de
fable pour les diftillations par afcen-
fion, comme auffi de la veffie ou cucurbite de cuivre eftammée, laquelle
doit eftre couverte de fon refrigerant
auffi eftamé, duquel le deffus doit
eftre remply d'eau fraifche, que l'on
doit fouvent renouveller durant la diftillation. La veffie de cuivre avec la
tefte de more & tuyau paffant par un
tonneau plein d'eau eft fort utile pour
diftiller les huilles aromatiques des
vegetaux qui font pefantes, comme
celle de la canelle, du bois de rofes,
de gerofles, & autres de cette nature,
qui tombent au fonds dans l'eau, &
montent difficilement par le reffrigerant haut. Pour diftiller les herbes
non aromatiques, dont leur vertu
confifte en un fel affez fixe, il faut que
le laboratoire foit fourny d'une cucurbite fort baffe & large ; elle peut eftre
de cuivre, mais fon alembic doit eftre
d'eftain, cét inftrument doit eftre
placé au fourneau de fable reprefenté
dans la troifiéme table.

Les cornuës, ou retortes fervent

aux diftillations qui fe font à cofté, les
artiftes ont inventé cette forte de vaiffeaux pour la diftillation des matieres
qui n'envoyent pas facilement leurs
vapeurs en haut.

Pour la diftillation par defcente, on
a des pots de terre qui entrent les uns
dans les autres : il faut que celuy d'embas foit mis dans terre jufqu'à l'embouchure , qu'il aye dans fon col un
petit couvercle percé en plufieurs endroits, pour empefcher que la matiere contenuë dans le vaiffeau fuperieur
ne tombe dans l'inferieur : Cette forte
de diftillation convient principalement
aux bois , lefquels on hache & enferme
dans le vaiffeau fuperieur , lequel on
place, l'ouverture en bas, fur le vaiffeau de deffous , ayant comme dit eft,
dans fon col un couvercle percé ; &
faut que l'ouverture du vaiffeau de
deffus entre dans celle du vaiffeau de
deffous , il les faut enfuite bien luter,
puis mettre doucement le feu à l'entour du pot qui eft hors de terre, puis
augmenter jufqu'à faire rougir le pot;
ainfi le feu agiffant dans les bois, fait
liquifier les principes liquifiables d'i-

celuy, & les fait couler par les trous du couvercle dans le pot d'embas ; qui est ce que nous appellons distillation par descension.

Il faut avoir des grands recipients ou balons capables de tenir les esprits qui sortent de certaines matieres en abondance , & avec impetuosité ; c'est pourquoy ils doivent estre fort grands pour mieux contenir lesdits esprits.

Les Matras sont aussi propres pour digerer, & extraire.

On appelle vaisseaux de rencontre, deux Matras ayans le col l'un dans l'autre , sçavoir un inferieur contenant les matieres , & le superieur servant à recevoir les esprits, & les renvoyant en bas pour mieux ouvrir & digerer les matieres : ce vaisseau sert à des operations fort belles , & pour des choses bien subtiles : il y a encore une autre sorte de vaisseau de rencontre, qui est vne cucurbite couverte d'vn chapiteau aveugle ou sans bec , qui peut servir à des matieres moins penetrantes : l'vn & l'autre doivent estre exactement lutez dans leurs jointures.

Le pelican eſt auſſi fort neceſſaire
pour les eſprits que l'on veut corporifier, ou pour les corps que l'on veut
volatiſer par la circulation.

On ne ſçauroit ſe paſſer des aludels,
& pots ſublimatoires de diverſes pieces, placées & embouchées l'vne ſur
l'autre : la matiere qu'on veut ſublimer eſt contenuë dans l'aludel, les pots
qui ſont au deſſus doivent eſtre lutez
par les jointures ; mais percez à jour
pour donner paſſage aux fleurs qui s'é-
levent par le moyen du feu, à la re-
ſerve du plus haut qui ſert de chapiteau fermé, au dedans duquel comme
des autres les fleurs s'attachent, leſquelles on ramaſſe, apres avoir deſlu-
té doucement les vaiſſeaux, & tant
plus le vaiſſeau eſt élevé, tant plus
pures en ſont les fleurs, & celles qui
ſe trouvent dans le plus haut chapiteau ſons toûjours meilleures, & ainſi
en baiſſant, & diminuant.

On doit eſtre pourveu de creuſets,
& boites de terre couvertes, pour calciner, cementer, coupeller, fondre,
& autres, comme auſſi de petites culo-
tes de terre, propres à ſoûtenir & re-

lever les creufets dans le feu ; le laboratoire ne doit pas eftre defpour-
veu d'un cornet de fer pour jetter les
regules d'antimoine, & d'autres matieres minerales : car la feparation fe
fait fort exactement dans cette forte
d'inftrument , en ce que les regules
tombent au fonds des fcories, & s'a-
maffent en culote pointus, fort faciles
à feparer de leurs immondices : outre cela on efpargne beaucoup de creufets en verfant les regules fondus dans
le cornet; car fans cét inftrument il
faudroit laiffer refroidir la matiere
dans le creufet , puis le rompre, pour
en tirer & feparer la matiere avec peine & perte ; ce que l'on peut éviter en
vuidant le creufet dans le cornet : Et
par ce moyen un mefme creufet peut
fervir à plufieurs fontes.

On doit eftre pourveu de quantité
d'efcuelles, terrines, & baffins, pour
faire évaporer, criftalifer , liquefier
par deffaillance, & pour plufieurs autres operations , comme auffi d'entonnoirs de verre, de bouteilles propres a porter lefdits entonnoirs , &
recevoir les liqueurs qu'on veut fil-

trer, ou paſſer par leſdits entonnoirs,
& d'une infinité de bouteilles & pots
de verre , & de fayance, de toutes
grandeurs , & façons, pour conſerver
les preparations.

Ie ne ſpecifieray pas icy une infinité
d'autres inſtruments , comme mor-
tiers de fonte, de fer, de marbre, &
de verre , vaiſſeaux de cuivre ou de
terre pour les bains marie & autres,
ſpatules , carrelets, ronds de fer pour
porter des chauſſes à couler , ronds de
fer pour couper les vaiſſeaux, cueil-
lers de fer, pincettes, grandes tenailles, & autres, dont un laboratoire doit
eſtre bien fourny : je ne parleray point
auſſi d'une infinité de vaiſſeaux que les
artiſtes inventent tous les jours, pour
des operations particulieres , leſquels
il ſeroit impoſſible de décrire par le
menu, il ſuffit d'avoir deſcrit les plus
propres pour venir à bout de toutes les
operations de la Chymie.

Explication des figures des vaiſſeaux.

A Grand matras , contenant les matieres ſervant pour la rectifica-

tion des esprits & sublimation des sels volatils.

B. Alambic ou chapiteau avec son bec, ayant l'embouchure estroite & proportionné au matras qui le porte, & adapté pour recevoir les esprits & sels volatils qui montent d'iceluy.

C. Pelican ou vaisseau circulatoire tout d'une piece.

D. Corps ou vessie du reffrigerant, de cuivre estamé au dedans, pour recevoir les vapeurs qui montent, contenant les matieres que l'on veut distiler.

E. Chapiteau du reffrigerant, aussi de cuivre estamé au dedans, pour recevoir les vapeurs qui montent, contenant separement de l'eau froide, pour resoudre en liqueur les vapeurs qui montent.

F. Petit recipient, pour recevoir les liqueurs qui en distillent, posé sur un scabeau, ayant entre deux un petit rond de paille pour arrester le cul dudit recipient.

G. Grand recipient ou balon, pour recevoir les esprits que l'on pousse, par le fourneau de reverbere.

H. Petit matras à divers usages.

I. Alambic ou Chapiteau de verre, avec son bec pour les distilations.

K. Cucurbite ou courge contenant les matieres, laquelle peut estre de verre, de terre, ou d'estaing, ou de cuivre estamé.

L. Alambic aveugle ou chapiteau sans bec.

M. Cornuë, ou retorte.

N. Corps de l'aludel, contenant les matieres que l'on veut sublimer en fleurs seiches, ayant au haut d'un costé une petite porte, avec son bouchon pour l'introduction des matieres.

O. O. O. Troits pots ouverts dessus & dessous, posez l'un sur l'autre sur ledit aludel, & lutez par les jointures.

P. Chapiteau luté par les jointures, mis sur lesdits pots.

Q. Vessie de cuivre, estamé au dedans, contenant l'eau de vie que l'on veut rectifier.

R R R. Teste de cuivre estamée au dedans posée sur ladite vessie sur laquelle est soudé un canal en forme de ſerpent, propre à conduire les eſprits en haut, & ayant au deſſus un enton-noir auſſi ſoudé, ſur lequel on adapte un alambic de verre.

S. Alambic de verre proportionné à l'entonnoir, pour recevoir l'eſprit & le reſoudre en liqueur par le moyen de l'air froid.

T. Recipient pour l'eſprit qui diſtille.

V. Entonnoir de verre.

XX. Inſtrument de fer pour couper le col des cornuës, & recipiens.

Y. La moitié du vaiſſeau de rencon-tre, contenant les matieres.

Z. Autre moitié dudit vaiſſeau, poſée deſſus pour recevoir les vapeurs, & les renvoyer ſur les matieres, deſquel-les deux parties les jointures doivent eſtre exactement lutées.

CHAPITRE VIII.

De la conſtruction & varieté des fourneaux.

Comme les Chymiſtes ne ſe ſçau-roient paſſer de vaiſſeaux pour contenir les matieres : auſſi leur eſt-il impoſſible de faire agir le feu ſur ces matieres, ſi les meſmes vaiſſeaux ne ſont logez dans quelque machine, dans laquelle on puiſſe au beſoin pouſ-ſer, ou brider, & gouverner le feu.

Pour cét effet ils ont inventé une in-finité de fourneaux de diverſe gran-deur & figure, juſqu'à une confuſion, ne conſiderant pas que la nature eſtant ſimple dans ſes ouvrages, l'Artiſte la doit imiter & ne decliner de ſa façon d'agir ſans grande neceſſité. C'eſt ce qui a obligé les grands Artiſtes à ne ſe ſervir que d'un ſeul fourneau pour toutes les operations ; Mais d'autant que dans un laboratoire on travaille en meſme temps ſur diverſes matie-res, & que meſme en conſtruiſant di-verſité de fourneaux, ſuivant la di-verſité du feu que demandent les ma-tieres, on peut mieux à propos ſepa-rement venir à bout de ſon deſſein que dans un ſeul fourneau, quelle ſy-metrie que l'Artiſte y aye pû obſerver; nous avons jugé à propos de donner la conſtruction de divers fourneaux qui peuvent eſtre neceſſaires, & par-

my ceux-là, la conſtruction d'un ſeul,
lequel au beſoin peut ſervir à tous uſages.

Mais avant que parler de leur forme
ou figure, nous enſeignerons la matiere de laquelle doivent eſtre faits, tant
ceux qui ſont fixes que ceux qui ſont
portatifs. Les fixes doivent eſtre baſtis
avec de la brique & de la terre de laquelle les Boulangers baſtiſſent leurs
fours, laquelle doit eſtre meſlée & de
bien pétrie avec un tiers de fien de
cheval, en ajoûtant aux endroits que
nous deſignerons le fer neceſſaire :
Les portatifs ſont faits de la terre de
Potier ou argille, ou terre graſſe, &
pots caſſez & mis en poudre, duquel
mélange on fait auſſi les creuſets &
autres vaiſſeaux qui reſiſtent à la violence du feu : Mais le Chapitre qui
ſuit fera voir encore plus particulierement ces matieres.

Chaque fourneau doit eſtre diviſé
en quatre parties, & quelquefois en
cinq : La premiere, eſt le cendrier a-
vec ſa porte : La deuxiéme, la grille :
La troiſieme, le foyer avec ſa porte
pour introduire les matieres combuſ-

tibles, comme charbon ou bois : La
quatriéme, eſt l'eſpace que contient
le vaiſſeau, dans lequel eſpace doivent
eſtre quatre regiſtres, par leſquels en
les ouvrant, ou fermant, le feu puiſſe
eſtre gouverné de la meſme maniere
qu'un cheval eſt gouverné par ſon
Eſcuyer avec la bride ou les eſperons;
La cinquiéme, eſt le dome ou ſon en-
clos au deſſus du vaiſſeau, lequel dome
bouche les ſuſdits regiſtres ; & à leur
place doit avoir un trou au deſſus
qu'on ouvre & ferme de meſme que
les regiſtres, comme l'Artiſte le trouve bon.

Nous commencerons par le fourneau qu'on appelle Piger Henricus,
ainſi nommé à cauſe qu'il ne demande
pas une ſi grande ſubjection, & vigi-
lance que les autres fourneaux. On le
l'appelle auſſi Athanor, mot Arabe,
qui ſignifie fourneau : on luy donne ce
nom par excellence, à cauſe qu'il eſt
tres utile pour faire pluſieurs operations en meſme temps, qu'il épargne
beaucoup de charbon, & ſoulage l'Artiſte, & que la chaleur que la tour
communique aux parties annéxées

peut eftre reglée facilement. Il faut
que le fourneau aye trois parties. La
premiere, eft la tour qui contient le
feu, & autant de charbon qu'il en peut
eftre confommé dans vingt - quatre
heures : La deuxiéme, eft un fourneau pour le bain Marie : La troifiéme,
un fourneau à fable, & fi la commodité du lieu où on fait baftir ce fourneau le permet, on y peut adjoûter
une quatriéme partie, qui doit eftre
un fourneau à cendres : La premiere,
qui eft la tour, doit avoir du moins
trois pieds de haut, & huit à neuf
poulces de diametre en rond au dedans & bien unie : elle doit avoir fon
cendrier avec une porte, par laquelle
on puiffe tirer la cendre ; elle doit auffi
avoir une grille, & au deffous de la
grille une autre porte, par laquelle on
puiffe nettoyer la tour, en cas qu'il
s'y faffe amas de pierres, de terre, ou
autres immondices qui fe rencontrent
dans le charbon, & qui font capables
de boucher la grille, & empefcher l'a-
ction du feu : Il eft neceffaire que cette tour aye de chaque cofté un peu au
deffus de la grille, deux trous, c'eft à
dire

dire, pour chaque partie un trou, de
la hauteur d'environ cinq poulces, &
quatre poulces de largeur, par où la
chaleur du feu contenu dans la tour
se puisse communiquer dans les fourneaux du bain Marie & du sable, aufquels on peut aussi faire des portes
pour les cendres & pour y introduire du charbon, afin qu'on s'en puisse
servir en particulier, en cas qu'on
n'aye pas des operations à faire pour
occuper la machine toute entiere; Il
faut accommoder à chacun de ces
fourneaux une grille, & à chacun quatre trous, avec leurs bouchons qui
serviront de regiftres : On peut aussi
adapter une terrine à l'embouchure
d'en haut de la tour par où le charbon se met, & en luter exactement
les jointures, de peur que la chaleur
du feu ne se dissipe par là, & afin
qu'elle soit contrainte de se jetter dans
les fourneaux qui sont à costé. Cette
terrine peut estre remplie de sable ou
de cendres, dans laquelle on peut
mettre quelque vaisseau distillatoire
ou de digestion, pour employer le feu
utilement.

D

Il y a une autre sorte de fourneau de digeſtion, dans lequel on peut faire pluſieurs operations en meſme temps, & eſpargner beaucoup de charbon ; ſa figure eſt repreſentée dans la troiſiéme table, il eſt compoſé de trois parties ou fourneaux joints l'un à l'autre par eſtages. Le premier, qui eſt celuy qui contient le feu, eſt compoſé ou conſtruit à l'ordinaire d'un cendrier avec ſa porte, d'une grille de fer, d'un foyer & ſa porte, d'une eſpace pour contenir le charbon en ſuffiſante quantité pour l'entretien d'un feu égal de douze heures, & d'une capſule contenant le ſable, dans lequel on met les vaiſſeaux ; toute la difference de ce fourneau aux autres, eſt qu'au lieu de quatre regiſtres aux quatre coins, il y a une ouverture au dedans, par où la chaleur ſe jette dans le ſecond fourneau qui doit eſtre joint à celuy-cy, & du ſecond au troiſiéme, & afin que le feu puiſſe agir en haut ſelon ſa coûtume : le ſecond, & troiſiéme fourneau doivent eſtre plus hauts que le premier. Dans le premier, on peut diſtiller par la cornuë, dans le ſecond

par l'alambic, & dans le troisiéme on
peut faire des digeſtions, extractions
& autres operations, cependant la
deſpence n'eſt pas plus grande que
pour un ſeul fourneau : car au lieu que
la chaleur du feu dans les fourneaux
fabriquez à l'ordinaire ſe diſſipe par
les regiſtres, dans celuy-cy elle eſt
contrainte de ſe communiquer de fourneau en fourneau ; ceux qui auroient
un lieu aſſez ample pourroient y adjoûter encore un, deux ou trois fourneaux, & faire par un meſme feu quatre, cinq ou ſix ſortes de degrez de chaleur.

On a beſoin d'un fourneau, pour la
veſſie de cuivre avec ſon refrigeratoire, ou avec ſa teſte de more, pour y
diſtiller & rectifier l'eau de vie, & les
eſprits des autres vegetaux fermen-
tés, comme auſſi pour diſtiller les
huiles aromatiques.

Le reverbere clos eſt neceſſaire pour
diſtiller les eaux fortes, eſprits de ſel,
de nitre, de vitriol, & autres, ce meſme fourneau peut auſſi ſervir à calciner & reverberer les metaux & mineraux, il doit eſtre compoſé de cinq

parties. La premiere eſt , le cendrier
avec ſa porte. La ſeconde eſt , la grille.
La troiſiéme eſt , le foyer auſſi avec
ſa porte. La quatriéme eſt , l'eſpace
qui contient les cornuës ou autres
vaiſſeaux qui ſont ſouſtenus par deux
barres de fer ; il y a finalement vne
chappe ronde ou carrée , en forme de
dome qui ſert pour le reverbere clos ,
& vn couvercle plat dont on ſe ſert
quand on veut reverberer quelque matiere à feu de flamme avec le bois.

Outre ce fourneau les Artiſtes ſe ſer-
vent d'vne autre ſorte de reverbere
tres propre pour la calcination, & reverberation des mineraux , & metaux,
qu'on veut reduire en crocus , & poudre impalpable par la violence du feu,
ſa figure eſt repreſentée dans la troiſiéme table , on le conſtruit ordinairement de trois parties. La premiere eſt,
pour contenir le bois , la ſeconde &
troiſiéme partie, ſont pour les matieres qu'on expoſe eſtenduës ſur des plaques minces de terre ou ſur de tuilles
à la flamme du bois ; on adjouſte quelquefois à ces trois parties ou eſtages
le quatriéme , juſques au cinq ou

fixiéme, felon l'intention de l'Artiste,
& felon la quantité des matieres qu'on
veut reverberer, la flamme entre d'vn
eftage dans l'autre, faifant vne figure
de Serpent.

Il faut avoir vn fourneau à vent pour
les fontes metaliques & minerales,
& pour les vitrifications, le cendrier
de ce fourneau doit eftre affez haut, &
la porte dudit cendrier affez grande,
afin que le vent y puiffe librement entrer. Ce fourneau doit eftre rond au
dedans, on le fait grand ou petit, large ou eftroit, felon qu'on a deffein de
fondre vne grande ou petite quantité
de matiere : Il y doit avoir au deffus
de la grille, vne porte pour l'introduction du charbon, le foyer doit avoir
environ vn pied de haut, & eftre couvert d'vn couvercle fort, & de bonne
terre à creufet, & qui foit de deux pieces, pour en pouvoir ofter la moitié,
lors qu'on veut mettre un creufet dans
le feu ou l'ofter hors du feu, ce couvercle doit eftre fait comme en dome,
ayant un trou au deffus dans lequel on
puiffe enchaffer vn ou deux ou trois
tuyaux l'un fur l'autre, pour referrer

& concentrer mieux la chaleur à l'entour du creuſet : ce meſme fourneau peut auſſi ſervir à la ſublimation de l'antimoine & autres mineraux, en oſtant le couvercle, & mettant une barre de fer à travers le foyer, pour ſoûtenir le vaiſſeau qui contient la matiere qu'on veut ſublimer.

Or pour la commodité de ceux qui ne veulent, ou ne peuvent avoir un grand laboratoire, nous leur ferons la deſcription d'un fourneau univerſel, qui peut ſervir à toutes les operations de la Chymie, & qui peut meſme eſtre portatif, il faut que ce fourneau ſoit fait d'une ſeule piece, hormis le couvercle, & d'une tres-bonne terre dont on fait les creuſets, & meſme il eſt neceſſaire qu'apres avoit eſté fait, & ſeiché, on le faſſe cuire dans quelque four de potier, par ce moyen l'on peut eſtre aſſeuré qu'il durera la vie d'un homme; il doit eſtre proportionné comme s'enſuit; la hauteur du cendrier doit eſtre de ſix pouces, avec une porte par laquelle l'on peut retirer la cendre, & donner de l'air au feu, puis il faut poſer la grille de fer au deſſus

de laquelle eſt le foyer, il faut que le
dedans du fourneau ſoit reſerré en bas,
& comme en forme de hotte, afin
que la grille y puiſſe appuyer eſtant
reſerré en bas, & plus ouvert par le
haut, le foyer doit avoir tout au tour
neuf poulces de haut juſques à l'endroit où l'on met deux barres de fer
pour ſouſtenir les vaiſſeaux, leſquelles barres de fer doivent eſtre miſes en
ſorte qu'on les puiſſe oſter & remettre,
ſi l'on veut, calciner quelque matiere
ou diſtiller ; au deſſus des barres, le
fourneau doit avoir encore ſix à ſept
pouces de hauteur, & dans cette hauteur doit avoir une échancrure pour
paſſer le col des cornües avec la piece
faite de la meſme terre, s'enchaſſant
dans ladite échancrure, qui ſe puiſſe
oſter & remettre lors qu'on veut diſtiller autrement que par la cornuë,
ou y placer un bain marie ou de ſable ; il faut finalement que ce fourneau aye ſon couvercle fait en dome,
& qu'il aye un grand trou au milieu
pour gouverner le feu en le tenant
bouché ou l'ouvrant en partie ou tout
à fait, ſelon que l'on veut augmenter

le feu : le diametre de ce fournéau
peut eftre moindre ou plus grand fuivant que l'Artifte veut travailler fur
peu ou fur beaucoup de matiere, il ne
faut pas oublier de faire quatre trous
au haut du fourneau, pour fervir de
regiftres aux operations efquelles le
dome n'eft pas neceffaire, comme auffi
quatre bouchons pour ouvrir & fermer lefdits regiftres , & deux bouchons proportionnez pour ouvrir &
fermer les portes du cendrier & foyer,
ce que l'on doit auffi obferver en toutes fortes de fourneaux ; fi on veut travailler au bain Marie, il faut avoir un
chaudron rond proportionné à l'ouverture du fourneau, il faut auffi la
mefme proportion pour la veffie de
cuivre, ou pour le vaiffeau dont on fe
fert pour rectifier les efprits ardents
des vegetaux ; fi on veut travailler au
fable, faut auffi avoir une capfule de
bonne terre proportionnée au fourneau , dans laquelle on mettra le fable ; fi on veut travailler au reverbere
clos, faut pofer la cornuë fur les barres
de fer, & la couvrir avec le couvercle
fait en dome.

Si

Si on veut calciner ou fondre il faut
ofter les barres de fer, pour pouvoir
introduire le pot, qui doit defcendre
jufques à un petit rondeau que l'on
pofe fur la grille.

Nous ne parlerons pas d'un fourneau de lampe, d'autant qu'on ne s'en
fert pas dans un cours de Chymie,
qui ne donne pas le temps pour pouvoir faire des longues preparations,
comme font celles qui fe font en ce
fourneau, nous renvoyons les Curieux aux Autheurs qui les ont dé-
crits, & n'empefchons pas qu'ils ne
fe fervent de ce fourneau auffi bien
que de ceux que nous venons de re-
prefenter.

Explication des figures des fourneaux
de la feconde Table.

A. Fourneau à vent pour les fontes
des mineraux.

A. Porte du cendrier.

B. Porte du foyer, fervant auffi pour
voir & introduire les matieres.

C. Creufet, contenant les matieres
que l'on veut fondre.

E

D. La grille.

E. Le dome qui couvre ledit fourneau, ayant une ouverture au milieu du deſſus.

F. Canaux ſervans à repouſſer & reſtreindre le feu.

G. Cornet de fer pour jetter les regules.

H. Creuſet rond par le haut.

H. Creuſet en triangle par le haut.

I. Rond de terre propre à ſouffrir le feu pour mettre ſous le cul des creuſets dans les fourneaux.

K. Couvercle pour les creuſets.

L. Crochet pour nettoyer les fourneaux, lequel peut auſſi ſervir pour éprouver ſi la fuſion eſt parfaite dans les creuſets.

M. Cueilliere de fer.

N. Pincetes de fer.

O. Grandes tenailles de fer pour mettre & tirer les creuſets du feu.

B. Fourneau de reverbere.

1. Le cendrier.

2. La grille.

3. La porte du foyer.

4. Le foyer.

5. La cornuë ou retorte.

6. Le dome ou couverture du fourneau.

7. Le trou au haut du dome pour
regler le feu.

8. Le balon ou grand recipient.

9. Le scabeau qui porte le recipient.

C. Fourneau Athanor ou Piger Henricus.

AA. La tour qui contient le charbon.

B. Le fourneau pour le bain de sable.

C. Le fourneau pour le bain Marie.

D. La porte du cendrier de la tour.

E. La grille.

FF. Le Foyer.

G. La porte du Foyer.

HH. Le haut de la tour où est le
charbon.

I. Le dome de la tour.

K. La porte du cendrier du bain de
sable.

L. La grille.

M. La porte du foyer.

N. Le bain de sable.

OOO. La cucurbite, contenant les
matieres , ayant au dessus son alambic aveugle , qui fait un vaisseau de
rencontre.

62

PPPP. Les quatre trous ou regiſtres pour regler le feu.

Q. Le cendrier du bain Marie.

R. La grille.

S. La porte du foyer.

T. Le vaiſſeau du bain Marie.

VVV. La cucurbite, contenant les matieres, avec ſon alambic.

X. Rond de cuivre, aſſujetiſſant la cucurbite par le haut.

YY. Les regiſtres.

Z. Le ricipient.

&. Rond de plomb, ſervant de contre-poids à la cucurbite mis & attaché au cul d'icelle.

D. Fourneau univerſel.

A. La porte du cendrier.

B. La grille.

C. La porte du foyer.

DD. Le foyer.

E. Les barres de fer pour porter les vaiſſeaux, leſquelles ſe peuvent mettre & oſter quand on veut.

F. L'échancrure pour le col de la retorte.

GGGG. Les quatre regiſtres.

H. Bain Marie, contenant l'eau & le vaiſſeau pour les matieres.

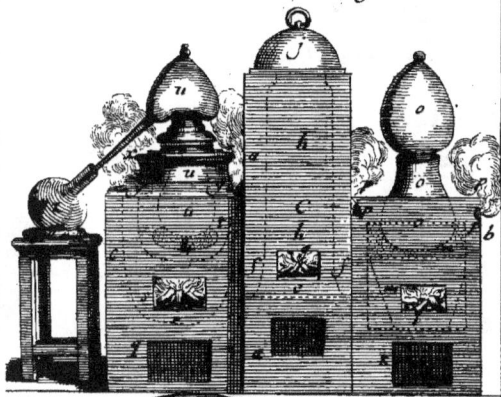
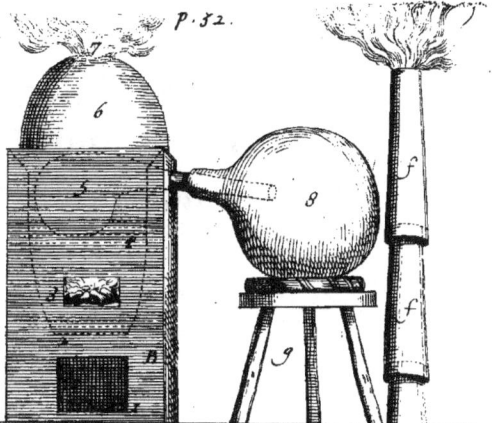
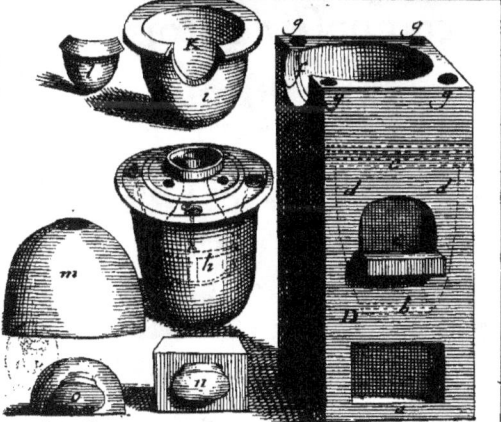

I. Vaisseau de terre resistant au feu pour le bain de sable.

K. Eschancrure dudit vaisseau pour passer le col des cornuës.

L. Piece de la mesme terre, laquelle se peut oster & remettre pour ouvrir & fermer ladite échancrure.

M. Dome dudit fourneau.

N. Bouchon du cendrier.

O. Bouchon du foyer.

Explication des figures des fourneaux de la troisiéme Table.

A. Grand fourneau composé de trois parties.

A. Premiere partie, contenant le feu, & servant pour distiller par la cornuë.

B. Seconde partie, propre pour les distillations par l'alambic.

C. Troisiéme partie, propre pour les digestions.

D. Le cendrier avec sa porte.

E. Le foyer avec sa porte & sa grille.

FFFF. Les échancrures de la capsule, qui contient le sable pour passer les cols des cornuës.

G. L'endroit par où la chaleur du feu entre de la premiere partie dans la seconde.

H. L'endroit où la chaleur entre de la seconde dans la troisiéme partie.

I. Ouverture par où la fumée sort, qui peut servir de regiftre en l'ouvrant ou fermant.

KK. Portes par où on peut mettre dans la concavité du fourneau des fels ou autres chofes qu'on veut fécher.

B. Fourneau pour distiller les herbes fans addition.

A. Le cendrier avec fa porte.

B. Le foyer avec fa porte & fa grille.

CC. Les barres de fer qui fouftiennent la capfule.

D. Capfule de terre, qui contient le fable lequel empefche que les feüilles des vegetaux ne fe brûlent, & que leurs eaües diftillées ne fentent pas l'empereume.

E. Vaiffeau de cuivre, contenant les herbes.

F. Alambic d'eftaing.

G. Recipient de verre.

HH. Regiftres pour gouverner le feu.

I. Pied pour fouftenir le recipient.

C. Fourneau à faire des épreuves, ou à coupeller.

A. Le pied du fourneau qui doit avoir quatre trous, un à chaque cofté, pour donner beaucoup d'air au feu.

B. Partie fuperieure, qui fe demonte lors qu'on y veut mettre la moufle avec la coupelle.

OOOO. L'endroit où on met plufieurs barres de fer pour fouftenir la moufle & le charbon.

C. Couvercle ayant plufieurs trous, par où la fumée puiffe fortir.

DDDD. Plufieurs pieces de bonne terre recuitte, pour contenir du charbon ardent devant la porte du foyer, afin que l'air ne refroidiffe pas la coupelle.

E. La moufle.

F. La coupelle.

G. La porte du foyer, dans lequel on place la moufle.

D. Fourneau de reverbere.

A. Le foyer.

B. La porte du foyer, par où on met le bois.

CC. Blaques de terre, fur lefquelles

E iiij

on met les matieres.

D. Ouverture au dedans , par où la flamme entre du foyer au premier eſtage.

E. Autre ouverture, par où la flamme donne du premier au ſecond eſtage.

F. Ouverture, par où la flamme ſort.

GGGG. Petites portes pour regarder les matieres pendant qu'on les reverbere.

H. Grand couvercle.

I. Petit couvercle , avec lequel on gouverne le feu.

KK. Portes pour boucher le premier & ſecond eſtage apres qu'on y a mis les matieres à calciner.

CHAPITRE IX.

Des lutations des fourneaux , & des vaiſſeaux.

CE n'eſt pas aſſez d'avoir parlé de la diverſité des vaiſſeaux, & de la conſtruction des fourneaux, il faut que l'Artiſte ſçache les manier,

Troisiesme Figure. p. 56.

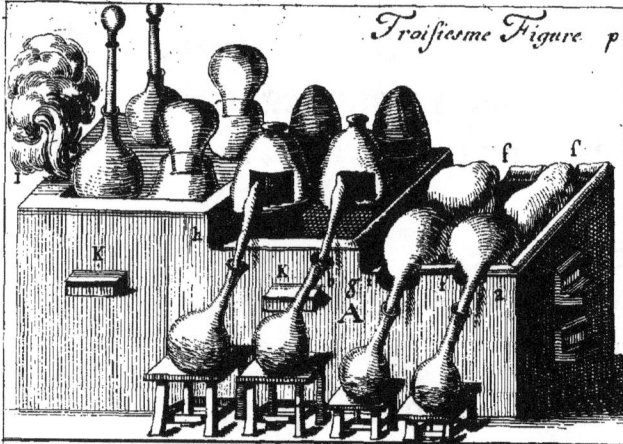

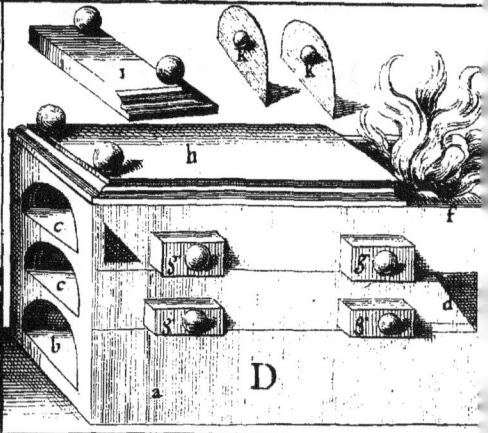

les couper , & adjoufter les uns avec les autres , & que mefmes en cas de befoin , s'il ne peut faire tous les vaiffeaux , il apprenne à en faire une partie , comme font creufets & cap-fules , & autres vaiffeaux à feu , & mefme toute la matiere de fes four-neaux.

La pafte dont on fait les fourneaux portatifs, eft compofée de terre graf-fe , ou argille , dont les Potiers fe fervent pour faire leur vaiffelle , & des pots caffez mis en poudre groffie-re, qu'on appelle communément Ci-ment : Il faut prendre deux parties de terre graffe , la faire feicher & mettre en poudre , & trois parties dudit Ciment en poudre , les bien mefler , & faire une pafte avec de l'eau , de laquelle on forme les four-neaux, qu'on fait feicher à l'ombre, & en fuitte cuire dans un four de Potier : Il faut remarquer , que quand la terre eft extrémement graf-fe , il faut augmenter la quantité du Ciment , pour empefcher qu'en fé-chant , les fourneaux ne fe fendent, ce qui arriveroit , fi on n'adjouftoit une suffisante quantité de poudre de pots cassez.

Cette mesme composition de terre peut aussi servir à la construction des aludels, capsules, cucurbites, creusets & autres vaisseaux destinez à la violence du feu, à laquelle ils peuvent resister, pourveu qu'on aye soin de faire la poudre des pots cassez plus desliée que pour les fourneaux, il faut aussi les laisser seicher doucement, puis les cuire.

La paste ou lut, dont on construit les fourneaux immobiles, doit estre faite de deux tiers de terre, dont les Boulangers se servent à faire leurs fours, & d'un tiers de fien de Cheval bien épluché, qu'on détrempe avec de l'eau & pétrit bien ensemble. Cette paste tenuë à la cave, dans quelque barril se putrifie, & devient si maniable, qu'on la peut avec grande facilité employer à la liaison de la brique, dont on doit ordinairement construires les fourneaux fixes, lesquels doivent estre épois, tant pour conserver la chaleur, que pour les faire durer long-temps.

Pour la lutation des cornuës de verre ou de terre qu'on veut expofer à feu violent, ou pour luter & joindre les recipients avec les cornuës, faut prendre dix parties de cette pafte pourrie comme dit eft, une partie d'écailles de fer, une partie de verre pilé, deux parties de tefte morte d'eau forte mife en poudre, & bien incorporer le tout pour s'en fervir.

Lors qu'on cohobe ou rectifie les efprits ou huiles atherées, il n'y a rien qui puiffe mieux retenir leurs évaporations ou perte que la veffie de Porc, ou de Bœuf, fi on l'applique moüillée à l'entour de la jointure de la cucurbite avec fon alambic, ou à l'entour de la jointure de l'alambic avec le recipient ; on peut auffi par ce moyen joindre les vaiffeaux de rencontre, car la veffie fait en féchant une efpece de colle, laquelle s'endurcit, & lie par ce moyen les vaiffeaux parfaitement bien : Mais faut noter que les efprits corrofifs rongent en un moment la veffie, & s'évaporent apres ; pour les retenir il faut fe fervir du lut fuivant.

Prenez de la farine & de la chaux
vive en poudre, & en faites pâte
avec du blanc d'œuf battu, & l'ap-
pliquez fraîchement fur les jointures
avec un linge délié ; on peut auffi ra-
commoder les fiffures des recipiens,
& autres vaiffeaux de ce mefme lut,
pourveu qu'on y mêle du minium ou
du litharge en poudre.

Quelquefois on bouche le col d'un
vaiffeau, qu'on veut mettre en digeftion, par la fonte, qu'on appelle le
feau d'Hermes ; cela fe pratique és
pelicans & vaiffeaux à long col ; lors
qu'on y a mis les matieres fur lefquelles on veut travailler, on fait
un feu de charbon à l'entour du col
du vaiffeau, on allume le feu avec
difcretion, afin que le verre s'échauffe peu à peu fans fe caffer, puis on
augmente le feu, jufqu'à-ce que le
verre foit en fufion, & eftant en cét
eftat, on le tortille avec des pincettes chaudes tant qu'il ne demeure
aucune ouverture.

Mais comme les vaiffeaux font ra-
res, & particulierement les pelicans,
& que cette forte de lutation, les

rend incapables de fervir plus d'une
fois, on peut faire une pâte d'un mélange de Maftic de verre de Venife
en poudre, de borax & de blanc
d'œuf, de laquelle on peut boucher
les vaiffeaux, & la laiffer feicher à
une lente chaleur, puis faire fondre
ce lut avec un chalumeau à la flamme d'une lampe ; on peut auffi feel-
ler hermetiquement à la lampe les
vaiffeaux de verre mince, & qui ont
l'emboucheure eftroite & le col long,

CHAPITRE X.

Des degrez du feu.

APres qu'on a bafty fes fourneaux, & preparé & luté les
vaiffeaux qui doivent eftre lutez, il
faut choifir, & enfuitte ménager le
feu convenable aux matieres, fur lefquelles on veut travailler, & pour
cét effet fçavoir quels feux font les
plus ou les moins violens. Le feu le
plus doux de tous, eft le bain vaporeux, qui fe fait en fufpendant le

vaiſſeau contenant la matiere au haut
du bain marie , & luy faiſant recevoir les vapeurs du bain , lequel on
peut échauffer plus ou moins juſques
à le faire boüillir.

Le feu qui vient apres en augmentant eſt le bain marie ou marin , qui
ſe fait en mettant le vaiſſeau contenant la matiere dans le bain , lequel
on conſerve tiede , ou l'on rend
boüillant ſuivant le beſoin , & d'autant que l'eau pourroit enlever le
vaiſſeau , & meſmes le renverſer, ſur
tout s'il y a peu de matiere dedans,
tant pour obvier à cét inconvenient
que pour éviter que le fonds du vaiſſeau ne touche le fonds du bain en
danger de le caſſer , on a accouſtumé d'adapter & attacher au cul du
vaiſſeau un rond de plomb entouré
de païlle , pour ſervir de contre-poids
& d'entre-deux au vaiſſeau.

Le feu qui vient apres , c'eſt celuy
des cendres, que l'on appelle improprement bain , leſquelles cendres on
crible & on les met dans une capſule
de terre propre à reſiſter au feu ; &
on place en ſuitte le vaiſſeau dans leſ-

dites cendres jufques à la hauteur de
la matiere contenuë. Le feu de fable
vient apres comme plus ardent, lequel on appelle auffi improprement
bain, & lequel s'ajufte de mefme que
le bain de cendres.

Le feu de limaille de fer vient
apres, qui eft encore plus ardent que
celuy de fable.

Le feu de reverbere clos vient
apres, lequel eft celuy dont on fe
fert pour tirer les efprits, & lequel
fe fait par le moyen du charbon.

Le feu de flamme ou de fufion
vient en fuitte, lequel eft le plus violent de tous, & fe fait avec du bois,
& mefme par fois avec charbon, pour
calciner & reverberer les matieres.

Toutes ces fortes de feux ont encore leurs degrez, fur tout les violens,
tant en augmentant le feu qu'ouvrant
les regiftres ; d'où vient qu'on dit
donner le feu de premier, fecond,
troifiéme, & quatriéme dégré, comme l'on obferve fur tout en la diftillation des efprits.

Il y a outre cela des autres feux,
comme le feu de lampe, du fumier,

du miroir ardent, & autres ; mais comme toutes les operations que nous avons deffein de faire voir, fe peuvent accomplir par les feux dont nous avons parlé, nous ne dirons rien des autres, recherchans en cela, & en toutes chofes la briéveté & la facilité, tant pour le travail, que pour n'embarraffer les efprits en des recherches difficiles : cette raifon nous oblige auffi de ne nous fervir ny de characteres hierogliphiques, ny de noms enigmatiques, comme ont fait une infinité d'Autheurs, pour rendre la Chymie méconnoiffa-ble ; mais en appellant toutes chofes par leur nom, nous ferons voir in-genuëment aux defireux de la veri-table Chymie, qu'elle eft affez aifée à pratiquer.

TRAITÉ

DE LA

CHYMIE.

LIVRE SECOND

Contenant certaines remarques que l'on doit faire avant que venir aux preparations.

DANS la premiere partie de ce Livre, nous avons dit en peu de mots ce qui nous a semblé estre necessaire touchant les noms, l'utilité & la definition de la Chymie, comme aussi touchant son objet, sa matiere & ses fonctions;

F

nous avons aussi parlé des principes,
& des diverses operations par le
moyen desquelles on les peut separer
& purifier, nous avons aussi décrit la
figure des vaisseaux & leur varieté,
la construction & matiere des fourneaux, la diversité des lutations, &
finalement la maniere de donner &
graduer le feu, sans l'action duquel
tout le reste seroit inutile. Ces ge-
neralitez n'embarrasseront pas les esprits, & cependant leur donneront
une theorie suffisante pour venir à la
pratique, de laquelle nous traiterons
presentement.

Mais avant qu'entrer dans cette pratique, comme nostre but est de faire
bien comprendre toutes les preparations en particulier, aussi bien en es-
crivant qu'en travaillant, nous avons
jugé à propos de faire part au Lecteur
curieux, de certaines remarques lesquelles serviront beaucoup à son dessein & au nostre. Nous dirons donc
que comme les corps naturels sont
infinis en nombre, & fort differents
en substance & en forme, tant interne qu'externe, aussi faut-il se servir

d'une infinité de moyens & d'inftru-
ments, tant pour les ouvrir que pour
en feparer leurs parties ; car les corps
metalliques ou mineraux, veulent eftre traitez autrement que les vegetaux & animaux ; & mefmes la preparation des metaux ou mineraux eft
differente, felon qu'ils font plus, ou
moins parfaits, compactes ou poreux, fixes ou volatils : par exemple
les huiles des vegetaux font capables de diffoudre, ou extraire les foulphres des mineraux : mais l'extraction ou folution des uns, fe fait bien
plus facilement que des autres ; comme nous voyons que l'huile commune peut entierement diffoudre le foulphre commun, fi on les met enfemble fur le feu, & cela à caufe du grand
rapport que les foulphres des mineraux ont avec les huiles des vegetaux;
le plomb qui a acquis une plus grande perfection que le foulphre commun, a befoin d'aide, & ne peut s'u-
nir avec l'huile, s'il n'eft reduit en
poudre, en chaux, ou en litharge,
apres quoy toute fa fubftance s'incorpore facilement avec l'huile, par le

moyen du feu, & d'une douce agitation ; cela nous fait connoiftre que
le plomb n'eft prefque autre chofe
que foulphre & fel terreftre ; car s'il
contenoit beaucoup de mercure , les
huiles n'ayans point de rapport avec
luy , ne pourroient pas diffoudre ce
corps tout entier comme elles le font
abfolument. Et là deffus fe pourroient
defabufer certains curieux , lefquels
eftimans le plomb plus parfait qu'il
n'eft pas , recherchent avec paffion &
grand empreffement le mercure dans
fon corps ; ce que je les exhorte de
bien confiderer.

L'antimoine , eft un mineral , qui
contient en foy beaucoup de foulphre indigefte & diffoluble dans l'huile auffi bien que le foulphre commun,
car c'eft un foulphre fuperficielement
joint à l'antimoine , néantmoins fi
l'antimoine n'eft ouvert par la fublimation , & reduit en fleurs ou alkool , il eft impoffible que la folution
fe faffe ; Mais eftant reduit en cét eftat, l'huile le peut penetrer & fe joindre avec fa partie fulphureufe , laiffant à part le refte , lequel ne pouvoit

en aucune façon abandonner cette
partie fulphureuſe de l'antimoine, a-
vant qu'on l'euſt reduit en cét eſtat.
On peut par ces exemples du ſoulphre
commun, du plomb & de l'antimoine, comprendre facilement, que tant
plus un mineral eſt compacte ou parfait, tant plus il doit eſtre ouvert &
diſpoſé à la ſeparation de ſon ſoulphre ſuperficiel & non interne ou eſſentiel, duquel nous n'entretiendrons
pas le Lecteur, puis que nous croyons
les metaux indiviſibles, ſi on ne pretend les reduire en leurs principes ou
diverſes ſubſtances par l'alkaeſt ou
diſſolvant univerſel, duquel nous
n'entreprenons pas de traiter icy, de
peur de choquer quantité de gens qui
croyent le poſſeder, & qui n'ont pas
ſeulement les bons diſſoluans particuliers, ou de paſſer dans l'eſprit de
ceux qui le cherchent pour eſtre trop
incredules. Si nous diſions qu'il eſt
aſſez difficile de s'imaginer qu'une liqueur ſans corroſion puiſſe reſoudre
tous les corps ſublunaires dans leur
veritable principe, ſans aucune reaction de leur part, & que ce diſſolvant

ne diminuë ny de poids ny de vertu,
en forte qu'il ait autant de force dans
la milliéme diffolution comme dans la
premiere , felon qu'en parle Van Hel-
mont , hors donc la poffeffion d'un
tel myftere , nous fouftenons que
quelque forme qu'on donne aux metaux par les diffolutions ordinaires,
qui font proprement des corrofions,
ils demeurent toûjours reductibles en
leur premiere fubftance, avec peu ou
point d'alteration ; Ainfi les effences
ou teintures , les huiles qu'on pretend
tirer des métaux , ne font à proprement parler que des fubftances metalliques, déguifées par la divifion de
leurs parties integrantes , & par leur
union avec les diffolvans , en forte
pourtant qu'on les en peut feparer &
reduire en corps metalliques dans la
mefme forme qu'ils poffedoient avant
qu'ils fuffent diffouts ; & fur cela nous
pourrions encore dire quelque chofe
contre ceux qui fe ventent de poffe-
der l'effence ou la veritable teinture
d'or, fon foulphre, fon mercure irre-
ductible en corps metallique, en un
mot qui croyent avoir le veritable or

potable, dont ils difent des merveilles, & par lequel ils pretendent emporter toutes fortes de maladies, &
faire vivre auffi long-temps que nos
premiers Peres : Ces fortes de gens
font plus malades eux-mefmes que
ceux qu'ils pretendent guerir, & ils
feroient plutoft dignes de pitié que de
chaftiment, s'il ne fe trouvoit des
perfonnes affez credules pour ajoûter foy à leurs promeffes, & qui perdent fouvent leur temps, leur bien,
leur fanté & leur vie, par la trompe-
rie de tels ignorans, c'eft principalement ce qui dégoûte bien du monde
de l'eftude & de la pratique de la veritable Chymie : laquelle eftant bien
confiderée, fe trouve tres-digne d'eftre exercée, cela foit dit en paffant.
Comme les metaux & les mineraux
font differens, il faut non feulement
prefque à un chacun en particulier
une preparation differente ; mais à
chaque preparation un grand travail
de corps & d'efprit, & des manieres
d'agir toutes diverfes ; ce qui eft caufe qu'on ne peut eftablir des regles
generales pour leur preparation, com-

me on le peut pour celle des vegetaux
& des animaux ; cependant ils ne
peuvent eftre reduits fans quelques
fels, huiles, ou efprits ; mais la plufpart des vegetaux n'ont befoin d'aucune addition, & neantmoins ils ont
befoin de differente preparation, auffi bien que les mineraux : Car quelques fois on a deffein de les reduire
diftinctement en leurs cinq fubftances, quelques fois on n'en defire
qu'une : par exemple, on fe conten-
tera de tirer la fubftance refineufe du
Ialap, en rejettant les autres fubftances comme inutiles : on tire par la diftillation, l'huile effentielle de l'anis,
qu'on conferve foigneufement, fans
fe foucier du refte : quelque fois on
calcine le tartre pour en tirer le fel
fixe, fans vouloir conferver fes parties fulphureufes & mercurielles, que
l'on laiffe exhaler ou evaporer par la
violence du feu ; lors qu'on a tiré le
fel volatil de l'urine, on ne fe met
pas en peine des autres principes,
comme quand on a tiré de la gelée de
corne de cerf, on rejette tout le refte;
& ainfi d'une infinité d'autres.

Les

Les vegetaux entiers, ou leurs parties, que l'on veut reduire en leurs principes solides, durs ou secs, comme les racines, les escorces, les gommes, les semences, les fruicts, les feüilles, &c. sont raspez ou mis en morceaux, ou en poudre grossiere, en sorte qu'ils puissent estre introduits dans vne cornuë, laquelle on place au feu de reverbere, par le moyen duquel il en sort dans le recipient: premierement le phlegme, puis l'esprit, apres l'huile; mais le sel fixe & la terre demeurent dans la cornuë, lesquels on separe apres par dissolutions, filtrations & coagulations.

Les parties des vegetaux qui sont en forme liquide, comme le moust, & autres sucs, avant leur fermentation, se distillent par l'alambic à feu de sable, & rendent premierement quantité de phlegme, puis l'esprit, apres l'huile, & laissent la terre & le sel dans le fonds de l'alambic.

Si on veut tirer les cinq substances des liqueurs fermentées, comme sont le vin, le cidre, l'hydromel, la bierte, & leurs semblables, au lieu que

G

celles qui ne font pas fermentées envoyent le phlegme le premier, celles-
cy donnent leur efprit fubtil & inflammable, & apres le phlegme, puis
encore rendent vn efprit & huille fen-
tant le brûlé, laiffant le fel fixe & la
terre au fonds.

Les liqueurs qui ont paffé par la
fermentation, jufques à vne efpece de
corruption, comme le vinaigre du vin,
de la bierre, du cidre, & d'autres,
rendent leur phlegme le premier, puis
l'efprit acide apres l'efprit & l'huille
puante, laiffans le fel & la terre au
fonds.

Les animaux entiers, ou leurs parties, s'ils font fecs, fe mettent en pieces ou en poudre groffiere, pour les
introduire dans vne cornuë : Si leurs
parties font liquides, comme le fang,
l'vrine, &c. on les met dans vn alambic, l'vne & l'autre forte de vaiffeau
fe met au feu de fable, par le moyen
duquel on tire premierement le phlegme, puis l'efprit & fel volatil avec
l'huille puante ; & comme cét efprit
& fel volatil, abondent dans les animaux, ils furmontent le fel fixe &

l'emportent avec eux , de forte que la terre demeure toute exanimée au fonds du vaiffeau.

Ayant donc ainfi détruit la premie-re forme des mixtes, on fepare les principes chacun à part ; l'huille fe fepare de fon efprit & phlegme par l'entonnoir ; l'efprit fe fepare de fon phlegme par la rectification , & le fel par l'elixation & filtration de fa ter-re morte & damnée , comme nous enfeignerons plus clairement en fon lieu.

Nous diviferons cette Seconde Par-tie en trois Sections : La premiere traitera des preparations qui fe font fur les metaux , metalliques , pierres, vitriols , fels , &c. La feconde, enfei-gnera la preparation des vegetaux : Et la troifiéme , celle des animaux , à laquelle nous joindrons quelques pre-parations des matieres , qui ne font comprifes dans ces trois familles , comme la manne , le miel , la cire, & autres.

SECTION I.

Des Mineraux.

CHAPITRE I.

De l'Or,

NOus commencerons par l'Or, qui est le plus pur, le plus fixe, le plus compact, & le plus pesant de tous les metaux, rendu tel par l'vnion du sel, soulphre & mercure, également digerez & purifiez au plus haut point, qui est cause qu'à bon droit on l'a appellé le Roy des metaux, comme estant le plus parfait de tous ; on l'a aussi appellé Soleil, tant pour le rapport qu'il a avec le Soleil du grand monde, qui est celuy qui nous éclaire, qu'avec le cœur de l'homme, que l'on nomme le Soleil du petit monde, sa couleur est jaune tirant fur le rouge. Ie ne m'arrefteray point à rechercher quel lieu natal doit eftre preferé aux autres pour l'élection de l'or , puis que l'Artifte doit le fçavoir feparer & desbarraffer des autres métaux qui fe trouvent mélez avec luy , foit dans les mines , foit mefme par la malice des hommes , & que tout or fera bon dés qu'il fera feul & feparé des autres metaux.

Nous commencerons donc par fa purification , pour laquelle il y a quatre moyens. Le premier eft , la coupelle avec le plomb : Le fecond, la cementation dans vn creufet : Le troifiéme, l'inquart ou l'eau forte ; & le quatriéme, l'antimoine , qui eft la plus certaine purification de toutes.

Purification de l'or par la coupelle.

AYez' vne bonne coupelle faite des offelets de Mouton calcinez, ou de la cendre commune lavée & privée de fon fel alkali , mettez-là dans vn petit fourneau , & couvrez

d'vne moufle ou tuile, faites en suite
feu à l'entour, & dessus la coupelle,
mais moderez le feu au commencement, afin que la coupelle s'eschauf-
fe peu à peu, & ne se fende pas, &
lors qu'elle sera parvenuë à la rougeur, si vous avez vne once d'or à
coupeller, mettez dans la coupelle
quatre onces de plomb, laissez le en
fusion quelque temps seul, afin que
la coupelle s'en imbibe, puis vous y
adjousterez l'or, lequel se fondra à
l'instant dans le plomb, quoy que
seul il soit d'vne tres-difficile fusion,
cela estant fait il faut continuer le feu,
& souffler incessamment sur la matie-
tiere, le plomb entrera peu à peu
comme vne graisse dans les pores de
la coupelle, laquelle à cette fin est faite de matiere poreuse, & entraîne-
ra avec soy les autres metaux imparfaits qui se trouvoient meslez avec
l'or, lequel se trouvera pur dans la
coupelle, & haut en couleur, si ce
n'est que l'or soit meslé avec quelque portion d'argent, lequel resiste à
l'action du plomb aussi bien que
l'or, alors il faut avoir recours à

l'inquart ou à l'antimoine.

Purification de l'or par la cementation.

REduifez voftre or en lamines, de
l'efpoiffeur du dos d'vn coufteau,
& les coupez en pieces rondes ou
quarrées, en forte qu'elles puiffent fe
loger toutes plattes dans un creufet,
puis ayez du ciment preparé avec
quatre onces de farine de briques,
une once fel armoniac, une once fel
gemme, & une once fel commun,
le tout mis en poudre & meflé enfemble, & reduit en pafte feiche avec
un peu d'urine : puis ayez un creufet
proportionné à la matiere, au fonds
duquel mettez un lit de ciment, &
ainfi continuez à faire lit fur lit en-
tremeflé de lamines & ciment, que
l'on appelle faire *ftratum fuper ftratum*, jufques à ce que le creufet foit
remply ; mais il faut toûjours que la
premiere & derniere couche foient
du ciment, afin que les lamines en
foyent bien enveloppées & couvertes, puis couvrez le creufet d'un couvercle proportionné qui aye un trou

au milieu , & le mettez enfuite ainfi
luté au feu de rouë l'efpace de trois
heures , durant lefquelles il faut laiffer le trou du couvercle ouvert, afin
que l'humidité du ciment fe puiffe
évaporer, apres on lute auffi le trou:
le feu doit eftre moderé au commencement , puis eftre augmenté de degré en degré, & continué durant huit
ou neuf heures, en forte que les deux
dernieres heures, le creufet foit tout
couvert de charbon, apres on le laiffe refroidir; ouvrant le creufet vous
trouverez les lamines diminuées de
leur poids, parce que le ciment aura
rongé & détruit tout ce qui avoit
efté meflé avec l'or : vous laverez
bien les lamines, & les ayant mifes
dans un creufet, donnerez feu de fufion avec un peu de tartre & de falpétre, & les reduirez en lingot.

Purification de l'or par l'inquart.

PRenez une partie d'or , & trois
ou quatre parties d'argent de
coupelle, faites les fondre enfemble
dans un creufet, puis verfez les dans

un vaisseau de cuivre, qui soit profond & remply d'eau, & vous y trouverez l'or & l'argent meslez, en forme de grenaille (qui est ce qu'on appelle granulation) seichez les grenailles, mettez-les dans un matras, & versez dessus le triple de bonne eau forte faite de salpetre & de vitriol, placez le matras au fourneau de sable, jusques à ce que l'eau forte aye dissout tout l'argent; ce qui se connoist quand la matiere ne jette plus de fumées rouges, & que l'or est au fond du matras en poudre noire, alors il faut verser la liqueur qui contient en soy tout l'argent dans une terrine pleine d'eau commune, puis remettez encore un peu d'eau forte sur la poudre noire d'or, & remettez le matras sur le sable chaud, afin que s'il y restoit quelque peu d'argent il soit dissout, & separé cette seconde fois; versez & meslez cette seconde dissolution avec la premiere, & les gardez; cependant edulcorez la chaux d'or avec de l'eau, puis la seichez, & la faites rougir doucement dans un creuset, vous aurez une poudre tres-haute en couleur, laquelle vous pouvez reduire en lingot par la fusion avec un peu de borax. L'argent dissout dans l'eau forte, & que vous aviez versé dans une terrine pleine d'eau se precipite & separe de son dissoluant, par le moyen d'une plaque de cuivre que l'on y met; car à l'instant les esprits de l'eau forte quittent l'argent pour s'attacher au cuivre lequel ils dissoluent, & durant la dissolution l'argent se precipite; la raison de cela est, que le cuivre estant moins compacte & plus terrestre que l'argent, est facilement penetré par cét esprit corrosif, lequel rongeant avec impetuosité ce nouveau corps, qu'il trouve à son appetit, quitte sa premiere prise, & se charge du cuivre qu'il a trouvé le dernier, & en devore tout autant qu'il en peut retenir. Il faut verser cette eau bleuë & empreinte de cuivre par inclination, & la garder dans une terrine, on l'appelle eau seconde, de laquelle les Chirurgiens se servent pour les chancres & autres vlceres externes. L'argent se trouve au fonds, lequel il faut laver & feicher, & garder fi l'on veut en forme de chaux, où bien reduire en lingot, dans un creufet, avec un peu de fel de tartre. Mais fi on met dans cette eau feconde, qui eft proprement une diffolution de cuivre, un corps encore plus terreftre, & plus poreux que n'eftoit le cuivre, tel qu'eft le fer, le cuivre fe precipitera & les efprits corrofifs de l'eau forte fe chargeront de la fubftance du fer, qu'on peut auffi precipiter par quelque mineral, comme la calamine & le zink, qui font beaucoup plus terreftres & plus poreux que le fer : & finalement fi on verfe goutte à goutte de la liqueur de nitre fixe dans cette liqueur chargée de la calamine ou du zink, elle détruira l'acide de l'eau forte, & fera precipiter ce qu'elle tenoit de la fubftance de ces mineraux. Remarquez que fi vous évaporez & criftalifez la liqueur, vous en tirerez de fort bon falpêtre, qui aura efté recorporifié avec fon fel fixe, duquel les mefmes efprits eftoient fortis.

Il femble que toutes ces experien-

ces ne devoient eſtre inſerées dans le
Chapitre de l'or ; neantmoins ſa purification par l'inquart, nous ayant
donné occaſion de les communiquer,
nous avons crû le devoir faire, &
témoigner en cela, & en toutes choſes le deſſein que nous avons d'in-
ſtruire ceux qui en ont beſoin ; eſtans
d'ailleurs perſuadez que les curieux
viendront de ces experiences à d'autres connoiſſances, eſquelles ils euſ-
ſent eu peine de parvenir ſans ſes petites lumieres.

La purification de l'or par l'antimoine.

LA meilleure purification de l'or,
eſt celle qui ſe fait par l'antimoine ; car le plomb n'emporte que les
metaux imparfaits, & laiſſe l'argent
joint avec l'or : le ciment laiſſe ſouvent l'or impur, & en mange quelque portion : l'inquart n'eſt pas toûjours une preuve certaine de la pureté de l'or : car quelquefois il arrive
que l'or ayant eſté meſlé avec quelques matieres ſulphureuſes, leur
odeur enveloppe quelque portion de

l'argent , lequel on avoit adjoûté à
l'or pour l'inquarter : laquelle portion tombe & se precipite avec l'or
par le départ, & donne des estonne-
mens & courtes joyes aux demy sça-
vans, ausquels cela arrive , croyans
avoir trouvé le moyen d'augmenter
l'or ; mais lors que l'on examine le
tout à fonds , ils se trouvent bien
loin de leur attente. On peut estre asseuré que l'or qui a passé par l'antimoine, est parfaitement purgé & de-
livré de tout meslange ; car il n'y a
que l'or seul qui puisse resister à ce
Loup devorant.

Prenez donc une once d'or, tel que
les Orfevres employent , mettez le
dans un creuset entre les charbons ardents , dans un fourneau à vent , &
lors qu'il sera bien rouge , il y faut
mettre peu à peu quatre onces de
bon antimoine en poudre , lequel se
fondra tout aussi-tost , & devorera
en mesme temps l'or , lequel autrement est d'une tres-difficile fusion, à
cause de sa composition tres-parfaite:
lors que le tout sera fondu comme
de l'eau , & que la matiere jette des

eftincelles, c'eft une marque de l'action que l'antimoine à faite pour détruire les impuretez de l'or, c'eft pourquoy il le faut laiffer encore un peu fur le feu, puis le jetter promptement dans un cornet de fer, qui aye efté à cette fin auparavant chauffé & graiffé avec un peu d'huile ; & lors que la matiere fera verfée dedans, il faut en mefme temps frapper avec les pincettes fur le cornet pour faire defcendre au fonds le regule : & apres que la matiere fera un peu refroidie, il faut feparer le regule des fcories, & le pefer en fuitte, le mettre à fondre dans un affez grand creufet, & y mettre peu à peu le double de fon poids de falpétre, puis couvrez le creufet, en forte que le charbon ny puiffe entrer, & en donnant un feu vif, le falpétre confume tout ce qui peut eftre refté de l'antimoine avec l'or, & l'or fe met au fonds en culot tres beau & pur, & on le peut jetter tout chaud dans un cornet, ou le laiffer refroidit dans le creufet, lequel il faut rompre apres pour feparer le culot des fels,

Cette façon de purifier le regule d'or,
n'est pas commune & ordinaire, mais
elle est preferable, parce qu'elle se
fait plus promptement, mais elle se
pratique seulement en petite quantité, la commune façon se fait en mettant un creuset plat au feu de fusion,
& dans ledit creuset le regule d'or,
& soufflant continuellement, jusques
à ce que la partie antimonialle soit
exhalée, il faut à cela non seulement
du temps, mais estre exposé aux ex-
halaisons nuisibles de l'antimoine,
lesquelles il est toûjours bon d'éviter.

Or fulminant.

REduisez en lamines minces une
dragme d'or fin, mettez vos lamines dans un matras, & versez
dessus trois dragmes de bonne eau
regale, puis mettez le matras sur du
sable chaud, tant que l'or soit dif-
sout, versez la dissolution dans quelque vase, ou il y ait trois ou quatre
onces ou plus d'eau de fontaine, puis
versez dessus goutte à goutte de l'huile de tartre faite par defaillance, jus-

ques à ce que l'ébullition cesse , qui
est une marque que la corrosion de
l'eau regale est détruite par la liqueur
du sel alkali de-tartre, lequel comme
les autres sels alkali rompt la pointe
aux esprits corrosifs , en sorte qu'ils
sont contraints de laisser tomber au
fonds le corps , lequel ils tenoient
avec eux en forme de liqueur , ce qui
arrive icy à l'or ; car si on le laisse
rasseoir quelque temps , il se precipitera au fonds de l'eau , laquelle surnagera claire comme cristal ; & doit
estre versée par inclination ; il faut
verser de l'eau tiede sur la poudre,
pour en oster toute l'acrimonie des
sels , & lors qu'elle sera rassie , il la
faut encore verser ; & en remettre
d'autre , & continuer si souvent que
la poudre d'or soit bien edulcorée,
ce que l'on connoist quand elle est
insipide : finalement on la met dans
un entonnoir garny de papier à filtrer , l'humidité passe au travers du
papier , & la poudre d'or y demeure,
laquelle il faut sécher soigneusement
à une chaleur lente ; car elle prend
aisément le feu , & pette comme

un canon, & s'envole.

Cette action impetueuse provient du mélange des sels & esprits qui entrent dans le diffoluant & dans le precipitant de l'or, & qui le reduifent en atomes, defquels fels & esprits l'or par reaction & par fa fixité retient & arrefte quelque portion, mais imparfaitement, car lors que le feu agit fur ce mélange il pouffe les parties fpiritueufes, lefquelles l'or & les corpufcules de fel de tartre veulent retenir, & eftant dans ce conflit le grand bruit s'enfuit.

Cette fulmination peut eftre empefchée par plufieurs voyes, & toutes les voyes ne tendent qu'à rompre la pointe des efprits nitreux ou de les feparer d'avec le fel de tartre, duquel il refte toûjours une bonne quantité avec l'or fulminant : car apres toutes les lotions qu'on peut faire de l'or fulminant, il fe trouvera ordinairement d'un quart ou prefque d'un tiers plus pefant que l'or qui a efté diffout & precipité. Pour donc détruire l'action de ce fel, il faut broyer l'or fulminant avec le triple de fleur de foul-

H

phre, mettre ce mélange dans un
creufet fur un petit feu, le foulphre
s'enflammera & exhalera, & pendant
fon exhalaifon fes parties falines acides s'attacheront aux parties falines
& fpiritueufes, lefquelles envelop-
poient l'or, & les emportera avec
foy, & l'or demeurera au fonds du
creufet du mefme poids comme devant, qu'on peut reduire en corps
metallique avec l'addition d'un peu de
borax, par le feu de fufion, ou bien
on peut mefler l'or fulminant avec
l'huile de vitriol, ou de foulphre,
ou avec l'efprit de fel marin, & le
mettre alors hardiment dans un creufet fur le feu, fans rien aprehender;
car ces efprits acides changent la nature du fel de tartre.

Quelques-uns fe fervent de cette
poudre dans les maladies qui proviennent de la corruption du fang; car
elle chaffe par la fueur & infenfible
tranfpiration le venin hors du centre: la dofe eft de deux à huit grains,
dans quelque conferve, ou dans de
l'extrait de genevre.

Calcination de l'or par le mercure.

PRenez une dragme d'or purgé par
l'antimoine, reduifez-le en lamines tres-déliées , que vous couperez
en petites parcelles avec des cizeaux,
puis ayez deux petits creufets , lefquels vous placerez fur les charbons
ardents , & mettez voftre or dans l'un,
& fix dragmes de bon mercure dans
l'autre , & lors que l'or fera tout
rouge, & que le mercure commencera à fumer, il les faut joindre enfemble dans l'un des creufets, & les remuer avec un petit bafton, & ils s'u-
niront à l'inftant, & feront un amal-
game doux & maniable , lequel il
faut laver pour en ofter la noirceur,
puis le fécher & faire paffer par le
chamois; ce qu'il y a trop de mercure , il reftera dans le chamois un
noüet pefant environ quatre dragmes, car l'or retient ordinairement
trois fois fon poids de mercure ; Et
pour reduire cét or en chaux tres-
fubtile & impalpable, il faut broyer
ce noüet avec deux fois autant pefant

de foulphre dans un mortier de marbre l'efpace de deux ou trois heures,
& mettre ce mélange dans un creufet, couvert d'un couvercle troüé au
milieu ; puis le faut mettre dans un
feu de charbon mediocre & non violent, de peur de reduire l'or en corps
folide, & de peur d'avoir perdu toute fa peine : Le foulphre & le mercure s'exha'eront, & l'or demeurera
au fonds du creufet en poudre fpon-
gieufe & impalpable : on le peut encore reverberer fous une moufle, &
on aura une chaux d'or bien ouverte
& propre aux operations curieufes.

Autre calcination d'or.

DIffoluez une dragme d'or dans
de l'eau regale, puis verfez la
diffolution dans une cucurbite, dans
laquelle il y aye une pinte d'eau de
fontaine, & fix dragmes ou environ
de mercure : mettez la cucurbite fur
le fable chaud durant vingt-quatre
heures, pendant lefquelles les efprits
de l'eau regale agiront fur une partie
du mercure, & laifferont tomber l'or

en poudre legere & rouge au fonds
du vaiſſeau ; & l'eau laquelle auparavant eſtoit devenuë jaune, à cauſe de
l'or qu'elle contenoit, deviendra claire comme criſtal : verſez la par inclination , & ſéchez la poudre d'or,
& le mercure (lequel n'aura pû eſtre
diſſout dans la petite quantité d'eau
regale , neceſſaire à la diſſolution
d'une dragme d'or , & laquelle meſme avoit perdu une grand' partie de
ſon action par l'eau de fontaine qu'elle avoit rencontré dans la cucurbite
avec le mercure ;) ſéchez, dis-je,
voſtre or & mercure dans une écuelle
à chaleur lente , puis faites paſſer le
mercure par le chamois : la poudre
d'or demeurera dans le chamois , laquelle il faudra broyer & calciner
avec le double de ſon poids de fleurs
de ſoulphre , comme nous avons dit
cy deſſus de l'or fulminant , & l'on
aura une chaux d'or tres-ſubtile &
bien ouverte.

Poudre d'or diaphoretique.

FAites diſſoudre dans trois dragmes de bonne eau regale , une

dragme d'or fin, & lors que l'or sera
dissout, adjoûtez-y une dragme de
salpétre bien afiné, laquelle vous ferez aussi dissoudre parmy, trempez
ensuitte dans cette liqueur des petites
pieces de linge fort délié, & les imbibez bien de cette liqueur, & en
trempez & imbibez tout autant qu'il
en faudra pour succer toute la liqueur; faites seicher ensuitte les petits linges ainsi imbibez, à la chaleur
lente du sable, puis les allumez avec
quelque petite estincelle de feu, lequel elles prennent aussi facilement
qu'une amorce, & se reduiront d'el-
les-mesmes dans une cendre legere &
rouge brune, laquelle estant refroidie
vous amasserez soigneusement avec
un pied de Liévre ou avec une plume, & la garderez pour l'usage.

Cét or mondifie la masse du sang
par les sueurs & insensible transpira-
tion; il guerit aussi les fiévres conti-
nuës & intermittantes, pris au commencement des accez ou des redou-
blemens; sa dose est depuis quatre
jusques à douze grains, dans quelque
conserve en forme de bolus, ou dans

un doigt de vin , ou dans quelque
cüeillerée de boüillon.

Cette poudre a paſſé entre les mains
de pluſieurs pour un grand ſecret, &
ils ont voulu montrer ſes vertus aux
credules qui s'arreſtent facilement
aux moindres choſes ; car ſi on frotte
de l'argent avec cette poudre moüillée avec un peu d'eau, elle le dore
tres-bien , & cette dorure eſt de longue durée.

CHAPITRE II.

De l'argent.

L'Argent eſt un métal moins fixe,
moins peſant , & moins parfait
que l'or , il l'eſt beaucoup plus que
tous les autres metaux , & paſſe pour
metal parfait , parce qu'il approche
des perfections de l'or ; il eſt appellé
Lune , tant à cauſe de ſa blancheur,
qu'à cauſe que l'on en tire de grands
remedes pour les maladies du cerveau, lequel par ſympathie reçoit aiſément les impreſſions de la Lune

Celefte : l'argent fe trouve naturellement dans les mines avec des matieres impures, ou bien meflé artificiel-
lement par les hommes avec des autres metaux ; Il faut donc le purifier
avant que l'employer aux preparations pour la Medecine; fa purification eft double, ou fuperficielle, ou
totale : celle qui eft fuperficielle fe
fait par le boüillitoire , lequel eft
compofé d'eau commune, de fel commun & de tartre , dans lequel meflange on fait boüillir l'argent , qui
contient quelque peu de cuivre avec
l'argent : il faut recourir à une purification plus puiffante , & qui puiffe
mieux ouvrir le corps compacte de
l'argent, & en faire fortir tout autre
metal imparfait. Or il faut remarquer que comme les Orfévres fe fervent de ce boüillitoire, pour le blanchiffage de la vaiffelle d'argent , y
ayant toûjours dans ladite vaiffelle
quelque petite portion de cuivre, ils
ne fçauroient faire ce blanchiffage
fans quelque petite perte du poids de
ladite vaiffelle , à caufe que le boüil-
litaire attrape toûjours & diffout
quelque

quelque petite portion de cuivre sur
la superficie. Pour purifier donc totalement l'argent, il faut avoir recours
à la coupelle, laquelle n'épargne aucun metal que l'or & l'argent, lesquels restent fixes au milieu, apres
que tous les autres metaux ont esté
dissipez.

Purification de l'argent par la coupelle.

CEtte operation n'est pas differente de la purification de l'or
par la coupelle, car le plomb emporte tous les autres metaux, & les reduit en scories ou en fumées, il n'y
a que l'or & l'argent qui lui resistent;
il faut donc placer une bonne coupelle avec sa moufle dans un petit
fourneau fait exprés à ce dessein,
dont on voit la figure dans la troisiéme table, ou au deffaut de ce fourneau placer la moufle dans un fourneau à vent, mettre le feu à l'entour
& dessus, & qu'il soit lent au commencement, afin que la coupelle s'échauffe peu à peu, car autrement elle se fend en deux : & quand elle se-

I

ra toute rougie par le feu qu'on doit
augmenter peu à peu, on y met quatre fois autant de plomb que d'argent
qu'on veut affiner, mais on met le
plomb le premier, lequel on laiſſe
bien fondre & boüillir, afin que la
coupelle commence à s'en imbiber;
puis on y met auſſi l'argent, lequel ſe
fond facilement avec le plomb : & on
continuë le feu juſques à ce que le
plomb ſoit exhalé, & qu'il ait entraî-
né avec ſoy les metaux imparfaits,
avec leſquels l'argent a eſté mélé auparavant ; lors on verra que l'argent
ſe congelera & demeurera ſeul &
tres-pur ſur la coupelle.

Vitriol de Lune.

PRenez une once d'argent de coupelle reduit en grenailles ou lamines déliées, & trois onces d'eſprit
de nitre : mettez-les enſemble dans
un matras ſur le ſable chaud, & les
y laiſſez juſqu'à ce que l'argent ſoit
diſſout : verſez enſuite la diſſolution
chaude dans une petite cucurbite ou
ventouſe de verre, que vous aurez

fait chauffer auparavant, de peur que
la chaleur de la diſſolution ne la fit
fendre, & l'y laiſſez refroidir quelques heures, & la liqueur ſe convertira preſque toute en criſtaux, il en
reſtera pourtant quelque partie, qui
ne ſera criſtaliſée cette premiere fois;
c'eſt pourquoy il la faut évaporer à
moitié ſur le ſable dans un vaiſſeau
de verre, puis la laiſſer criſtaliſer au
froid : ou bien ſi on ſe veut contenter des premiers criſtaux, on peut
verſer la liqueur qui ſurnagera dans
une terrine, où il y aye de l'eau, &
une piece de cuivre, & tout l'argent
que cette liqueur contenoit, ſe precipitera en poudre, laquelle ou peut
laver & ſécher, puis fondre avec un
peu de ſalpétre & de tartre dans un
petit creuſet, pour luy redonner ſon
premier corps; il faut ſécher les premiers criſtaux par une lente chaleur,
& les conſerver ſoigneuſement dans
un vaiſſeau de verre bien bouché. Ces
criſtaux leſquels on appelle ſel ou
vitriol de Lune ſont d'un gouſt tres-
amer; on s'en ſert principalement
pour les maladies du cerveau, ou

pour les hydropifies ; ils purgent affez benignement : leur dofe eft depuis
trois jufques à huit grains dans un
verre de liqueur appropriée à la maladie, pour ceux qui en peuvent fu-
porter l'amertume , ou bien dans
quelque conferve , en beuvant par
deffus un verre de quelque liqueur
appropriée, pour temperer l'actimo-
nie que l'efprit de nitre a imprimée
dans ces criftaux.

Teinture de Lune.

REduifez une once d'argent de
coupelle en grenailles, en lamines , ou en limaille, laquelle vous ferez diffoudre dans trois onces de bonne eau forte , faite de falpétre & vitriol ; la folution eftant faite ; il la
faut verfer dans de l'eau falée , ou
marine bien filtrée & claire, & l'argent fe precipitera incontinent en
poudre blanche, laquelle vous laifferez aller & repofer au fonds , puis
verferez doucement par inclination
l'eau qui furnagera, & remettrez par
deffus de l'eau de fontaine tiede, &

bien nette, dans laquelle vous re-
muerez la poudre d'argent, puis la
laisserez rasseoir, & verserez l'eau par
inclination, & continuerez à en remettre de nouvelle, en la reversant
ensuitte par inclination, tant que la
poudre d'argent soit exempte de toute acrimonie : puis vous la sécherez
doucement, & la mettrez dans un
matras proportionné ; & y adjousterez demie once de sel volatil d'urine, & douze onces d'esprit de vin
tartarisé, c'est à dire, bien rectifié
sur le sel de tartre ; mettez sur ce matras, un autre matras duquel l'emboucheure doit entrer dans celuy qui
contient les matieres pour faire un
vaisseau de rencontre : lutez-en exactement les jointures avec de la vessie
moüillée : puis faites digerer la matiere, dans une chaleur tres-lente du
bain vaporeux ou du fien de cheval
durant dix jours, pendant lesquels
le menstruë se chargera de la teinture de l'argent, & prendra une couleur celeste : versez ensuitte la teinture par inclination, & la filtrez, &
mettez dans une petite cucurbite de

verre avec fon chapiteau ; lefquels luterez bien enfemble, & mettrez au bain vaporeux , & en retirerez les trois quarts par la diftillation , & la teinture reftera au fonds , laquelle vous garderez foigneufement dans une fiole bien bouchée.

On fe fert de cette teinture avec bon fuccez pour les epilepfies, apoplexies, manies, & autres maladies du cerveau, dans quelque liqueur convenable : fa dofe eft depuis quatre jufques à quinze gouttes.

Apres que vous avez tiré cette teinture, vous trouvez au fonds du matras une chaux d'argent, laquelle peut eftre reduite en corps par le mélange fuivant, que l'on appelle bain : prenez une once de cailloux en poudre, une once de tartre, deux drágmes de charbon auffi en poudre, & quatre onces de bon falpétre : mettez ce mélange peu à peu dans un creufet rougi au feu , la matiere fe fondra incontinent avec grande impetuofité : laquelle eftant paffée, verfez ce fel fondu dans un mortier chaud, & le laiffez refroidir, vous

aurez une masse dure, de laquelle
vous prendrez autant pesant comme
vous avez de chaux d'argent, mettez-les ensemble en poudre, & les
faites fondre dans un bon creuset,
& la chaux se reduira en corps; laquelle autrement est d'une assez difficile reduction, à cause du sel marin avec lequel elle a esté precipitée,
& à cause du sel volatil d'urine,
avec lequel elle a esté digerée; car
ces deux sortes de sels rendent l'argent fort volatil, & si on vouloit
fondre cette chaux sans le mélange
de ce sel fixe, que nous adjouftons,
& qui destruit l'impression des sels
volatils, elle s'envoleroit presque
toute par la violence du feu de fusion.

Pierre infernale ou caustique per-petuel.

PRenez deux onces d'argent de
coupelle reduit en grenailles, ou
lamine, ou limaille, faites le diffoudre dans un matras, avec le double
ou le triple de bonne eau forte, ver-

fez la folution dans une cucurbite
couverte de fon alambic, ou pluſtôt
dans une petite écuelle de grais non
verniſſée découverte, & évaporez à
la forme d'un fel jauny dans du ſable, & la mettez au feu de ſable, &
en retirez environ la moitié de l'humidité de l'eau forte; l'eau qui en
ſortira ſera fort foible, parce que le
corps de l'argent retient à ſoy les eſprits les plus forts de l'eau forte;
laiſſez enſuitte refroidir le vaiſſeau
durant quelques heures, & vous
trouverez la matiere reſtante au fonds
de la cucurbite en forme de fel, lequel vous mettrez dans un bon creuſet d'Allemagne un peu grand, à cauſe que la matiere en boüillant au
commencement s'enfle, & pourroit
verſer & s'en perdre; mettez le creuſet ſur un petit feu, juſques à ce que
les ébullitions ſoient paſſées, & que
la matiere s'abaiſſe au fonds, & environ ce temps-là vous augmenterez
un peu le feu, & vous verrez la
matiere comme de l'huile au fonds
du creuſet, laquelle vous verſerez
dans une lingotterie bien nette, &

un peu chauffée auparavant, & vous
la trouverez dure comme pierre, laquelle vous garderez dans une boëtte
pour l'ufage. Mais comme pour la
plus grande commodité, il eft befoin
d'avoir des morceaux de ladite pierre de differente groffeur & de differente figure, on veut bien aider icy
l'induftrie des Chirurgiens, qui s'en
pourront fervir avec grande utilité &
avantage pour des ulceres finueux &
caverneux, où il eft befoin d'introduire un morceau de ladite pierre,
qui foit de la groffeur d'un ferret
d'éguillette, ou d'autre figure felon
l'exigence, c'eft pourquoy on aver-
tit, avant que la matiere foit tout à
fait refroidie, qu'on la peut couper
& laiffer en telle figure que l'on vou-
dra pour s'en fervir felon le befoin.

On s'en fert pour les chancres,
pour manger & confumer les chairs
baveufes & fuperfluës des ulceres en
les touchant feulement : & mefme fi
la Gangrene n'eft pas profonde, ce
remede peut découvrir jufqu'aux parties faines ; ce qu'eftant, on n'a qu'à
laiffer agir la nature en fe fervant des

remedes ordinaires pour rengendrer les chairs, & cicatrifer la partie malade.

L'ufage journalier dudit remede découvrira plufieurs autres maladies où l'on s'en pourra fervir tres-heureufement ; & il eft de la prudence du Chirurgien de fe fervir fouvent d'un mefme remede pour la guerifon de plufieurs & differentes maladies quand les indications s'y rencontrent. Cette pierre eft tres-commode, & dure fort long-temps : on l'appelle infernale, tant à caufe de fa couleur noire, que de fa qualité cauftique & brûlante, qui font fymboles de l'Enfer.

Il faut remarquer que l'effet de cette pierre provient des efprits corrofifs de l'eau forte que l'argent congele & retient, & qu'on pourroit faire une pierre femblable du cuivre ou du fer par le mefme moyen, fi ce n'eft que le fer & le cuivre eftans reduits en cét eftat, attirent puiffamment l'air & fe refoluent en liqueur; ce qui n'arrive pas avec celle d'argent, car elle fe maintient toûjours en forme folide, & peut eftre portée par tout dans une boëtte ; c'eft pour-quoy les Chirurgiens la preferent aux autres, & la mettent en ufage.

Plufieurs Autheurs ont groffi leurs Livres de diverfes teintures & autres preparations d'or & d'argent ; lef-quelles nous laiffons comme inuti-les ou de mauvais fuccez ; perfiftans dans noftre premier deffein, qui eft de ne rien avancer de fuperflu, ou qui puiffe mal à propos embarraffer les efprits ; mais bien de faire part au public de tout ce qui eft profita-ble, & qui peut eftre compris & executé facilement par les Artiftes, & mefmes par ceux qui n'auront au-tre connoiffance que celle qu'ils pui-feront dans nos écrits.

CHAPITRE III.

Du plomb ou Saturne.

LE plomb eft un metal impar-fait, compofé naturellement

d'un fel impur , d'un mercure indi-
geft , & d'un foulphre terreftre , lequel abonde en ce corps , ce qui eft
caufe qu'il s'unit facilement avec les
huiles des vegetaux & les graiffes
des animaux , qui font des foulphres : il détruit facilemeut tous les
autres metaux imparfaits , & les reduit dans le feu en fcories par fon
foulphre devorant , qui predomine
en luy. Les Chymiftes l'appellent
Saturne , à caufe de la fympathie
qu'il a avec le Saturne Celefte , &
bien qu'il foit d'une compofition
fort grofliere & impure , on ne laiffe
pas d'en tirer des bons remedes tant
pour l'ufage interieur qne pour l'exterieur. Il eft à remarquer que le
plomb en foy , fans avoir paffé par
les mains de l'Artifte , eft un metal
qui eft amý de l'homme , & qui ne
peut porter aucun prejudice de foy-
mefme par aucune qualité maligne
ny au dedans ny au dehors , puifque
l'on void tous les jours des perfonnes , qui ayans receu des coups de
moufquetade , confervent les balles
au dedans du corps fans aucune in-

commodité; & que le mesme plomb
estant battu & reduit en lamines, &
& appliqué au dehors, ramollit la
dureté des nerfs & tendons, & guerit plusieurs tumeurs des parties externes, qui ne cederoient pas facilement aux autres remedes.

Purification du plomb.

AVant que l'on puisse employer
le plomb, pour en tirer ce
qu'il contient d'utile, il est neceffaire de le purifier, autant que son
imperfection le peut permettre. Faites le fondre dans une grande cüeil-
lere de fer, puis y adjoustez peu
à peu des petits morceaux de cire
ou de suif; ces morceaux s'enflam-
meront tout aussi-tost, & laisseront
une petite crasse sur le plomb, laquelle il faut oster avec quelque
verge ou spatule de fer; Il faut jetter de nouveau des petits morceaux
de suif ou cire, & continuer d'en remettre, en ostant toûjours la crasse,
tant que le plomb demeure en fusion
clair comme un miroir, & pour lors

il le faut verfer dans une baffine &
le laiffer refroidir.

Calcination du plomb.

METTEZ le plomb ainfi purifié,
dans un pot de verre non verny, entre les charbons ardents, dans
un fourneau à vent : il ne faut pas
pourtant que le feu foit violent,
mais il fuffit que le pot foit rougy,
& que le plomb fe tienne en fufion:
remuez-le continuellement avec une
verge de fer , jufques à ce qu'il foit
converty en poudre ou chaux grifaftre tirant fur le vert, laquelle vous
laifferez refroidir, & criblerez pour
en feparer les impuretez metalliques.

Autre calcination de plomb.

METTEZ du plomb purifié fur
quelque tuile qui refifte au
feu, & qui aye des bords , pour empefcher que le plomb eftant en fufion ne coule dans le feu ; placez la
tuile au feu de reverbere ; en forte

que la flamme du bois rabatte continuellement fur le plomb, mais il ne
faut pas que le feu foit trop violent,
car autrement il fe tiendroit toûjours
en fufion, ou bien il fe vitrifieroit
tout à fait : pour empefcher cela, il
faut que le feu foit moderé , & il
faut remuer continuellement le
plomb , avec une verge de fer, le
plomb fe convertira premierement en
poudre grife, tirant fur le vert, & en
continuant il deviendra jaune, & finalement rouge , & pour lors on
l'appelle *minium*. La chaux d'une livre de plomb fe trouvera augmentée
de plus de deux onces , à caufe des
corpufcules du feu qui s'incorporent
avec luy , & qui le reduifent par
leur action en parties tres-fubtiles :
cette augmentation fe remarque auffi
dans la calcination de l'eftaing & des
autres metaux imparfaits.

Le plomb fe reduit en fcories, qui
eft une efpece de calcination dans les
grandes coupelles, que l'on fait proche des mines , ou dans les mon-
noyes , lors que l'on purifie l'or &
l'argent par le plomb , lequel détruit

les imparfaits, qui peuvent eftre mélez avec ces metaux parfaits, & les
reduit en fcories, lefquelles on appelle litharge d'or fi on la tire de la
coupelle de l'or, ou litharge d'argent, fi on la tire en coupellant
l'argent; lors que l'on s'eft fervy du
plomb pour ces purifications.

Autre calcination du plomb.

PRenez une livre de plomb purifié, comme cy-deffus, faites le
fondre dans un pot de terre non verny, qui puiffe refifter au feu : jettez-
y enfuitte demie livre de foulphre
mis en poudre groffiere, & remuez
continuellement le tout avec une verge de fer, tant que le foulphre ne
jette plus de flamme & qu'il foit confommé, & lors vous trouverez le
plomb au fonds du pot en poudre
noire, que l'on appelle plomb brûlé.

Autre calcination de plomb.

ON calcine auffi le plomb par la
vapeur des acides, & par ce
moyen

moyen on le reduit en chaux blanche , & on y procede comme s'enfuit. Reduifez le plomb en lamines,
& les fufpendez dans un vaiffeau
couvert , au fonds duquel il y aye
du vinaigre , placez le vaiffeau fur
que'que lente chaleur , ou dans du
fien de cheval , & les vapeurs qui
s'éleveront du vinaigre , corroderont
en paffant les lamines de plomb , &
feront fortir defdites lamines une
poudre blanche en forme de fleur,
laquelle vous ramafferez avec un pied
de liévre , & remettrez les lamines
dans le vaiffeau jufques à ce qu'elles
foient toutes reduites en cerufe. On
peut fe fervir de celle que l'on veut
de ces chaux , pour les preparations
qui fe font fur le plomb ; mais la
poudre grifaftre de laquelle nous
avons parlé en premier lieu , eft la
plus commode de toutes.

Sel ou fucre de Saturne.

PRenez une livre de chaux grifaftre de plomb , mettez-là dans
un grand matras , & verfez par def-
K

fus trois livres de vinaigre diftillé,
mettez le matras en digeftion au
fourneau de fable, l'efpace de vingt-
quatre heures, pendant lefquelles il
faut agiter de temps en temps le matras, autrement la chaux s'endurci-
roit au fonds du vaiffeau & le pourroit caffer, puis verfez par inclination le vinaigre diftillé dans un autre
vaiffeau, vous le trouverez chargé
de la fubftance du plomb, & fon
acidité changée en grande douceur;
remettez de nouveau vinaigre diftillé
fur le plomb, & procedez comme
auparavant, en meflant & gardant
toutes les diffolutions, & continuez
de mettre de nouveau vinaigre, digerer & verfer par inclination, tant
que le vinaigre diftillé mis fur le
plomb ne s'en charge plus & ne devienne plus doux, ou tant que le
plomb foit diffout, ce qui ne manque pas pourveu que la chaux du
plomb foit bien faite, filtrez pour
lors toutes les folutions par le papier gris & les mettez dans une cucurbite, avec fon alambic & recipient au bain marie, & vous en reti-

rerez une eau infipide, dautant que
le plomb qui a efté diffout, retient
par une reaction tous les efprits acides du vinaigre, lefquels fe corpo-
rifient, & font avec le plomb un
tres-beau fel blanc & criftalin en aiguilles, duquel la figure n'eft gueres
diffemblable au falpétre affiné, il ne
faut pas diftiller cette liqueur jufques à ficcité ; mais il faut obferver
cette proportion, que fi vous avez
diffout une livre de plomb, il faut
qu'il refte environ quatre livres de
liqueur dans la cucurbite, afin que
le fel fe puiffe criftalifer : car la liqueur eftant trop claire, le fel y eft
trop dilatté & ne fe criftalife pas, &
eftant trop privé d'humidité le tout
fe met en une maffe confufe.

Oftez pour lors la cucurbite du
bain, & la mettez en lieu froid, durant trois ou quatre jours, au bout
defquels vous trouverez une bonne
partie de la liqueur convertie en fel
criftalin ; feparez alors la liqueur qui
furnagera, & féchez le fel entre deux
papiers ; remettez enfuitte la liqueur
laquelle vous aurez verfée par incli-

na.ion dans une plus petite cucurbite , & en diftillez environ le tiers,
puis remettez la cucurbite un jour
ou deux en lieu froid , vous y trouverez encore du fel criftalifé , lequel
vous retirerez & feicherez comme le
premier ; faites évaporer & criftalifer de nouveau la liqueur reftante, &
reïterez la mefme operation , jufques
à ce que vous ayez reduit en criftaux tout ce qui pouvoit y eftre reduit. Et en cas que voftre fel ne fut
affez beau la premiere fois , vous le
pouvez diffoudre avec le phlegme du
vinaigre, puis le paffer par le papier
gris , & le criftalifer comme auparavant, & vous aurez un tres-beau fel
de Saturne. Ce fel eft un fort bon
remede pour l'afthme & pour les maladies de poictrine dans quelque decoction pectoralle, fa dofe eft depuis
cinq jufques à quinze grains : on
l'employe auffi exterieurement avec
bon fuccez dans les playes & ulceres , car il tuë & détruit les fels mor-
dicants d'iceux : il eft auffi excellent
pour les inflammations , diffout dans
de l'eau de morelle, ou autre appro-

priée, puis appliqué. On s'en sert aussi dans les collyres pour les inflammations & démangeaisons des yeux ; mais il est suspect au dedans pour les gens qui ont foiblesse des reins & des parties necessaires à la generation : en quel rencontre il s'en faut servir tres-sobrement & avec grande circonspection.

Magistere de plomb.

DIssoluez de la chaux de plomb dans du vinaigre, distillé comme nous avons enseigné au Chapitre precedent : versez la dissolution par inclination, & la passez par le papier gris ; puis versez par dessus de l'huile de tartre faite par deffaillance, & vous verrez à l'instant la liqueur blanche comme du lait caillé, sur laquelle il faut verser quantité d'eau commune bien pure, puis laisser rasseoir le tout, & le plomb se precipitera au fonds du vaisseau en poudre blanche, & ce à cause que l'huile de tartre, qui est un sel alkali resout, rompt la pointe du vinaigre distillé

qui avoit reduit le plomb en liqueur,
& le contraint de laisser aller ce qu'il
tenoit auparavant : versez ensuitte la
liqueur surnageante par inclination,
& remettez de l'eau commune sur la
poudre, pour la bien édulcorer, &
la reversez estant bien reposée, &
reïterez la lotion si souvent que la
poudre soit entierement delivrée de
l'acrimonie des sels : puis la séchez
& la gardez pour l'usage.

Ce magistere est un beau blanc
pour mettre dans les pommades : on
s'en sert aussi dans les onguents & collyres comme d'un bon desiccatif.

Si vous voulez par curiosité reduire le sel ou le magistere de Saturne
en plomb comme ils estoient auparavant : faites fondre un peu de sel
de tartre dans un creuset, puis mettez-y un peu de ce sel ou du magistere, & vous le verrez tout aussi-tost
retourner en plomb, parce que l'esprit acide du vinaigre, lequel souste-
noit le plomb en forme de sel ou de
poudre blanche, est détruit par le sel
de tartre, qui sert en mesme temps
de fondant, & de reductif en metal.

Esprit ardent, dit de Saturne, mais plustost esprit de sel volatil du vinaigre.

PRenez deux livres de sel de Saturne, bien purifié par plusieurs solutions & cristalisations, avec le vinaigre distillé : mettez-le dans une cornuë, laquelle ne soit remplie qu'à demy, placez la au fourneau de sable, & adaptez-y un grand recipient: lutez bien les jointures, & donnez le feu fort doux au commencement ; il en sortira en premier lieu une eau phlegmatique, & apres l'esprit, lequel formera des veines dans le recipient, comme quand on distille de l'eau de vie : car cét esprit est quasi de mesme nature, puis qu'il provient du sel volatil du vinaigre distillé, lequel le plomb a arresté & retenu dans sa solution; mais comme cét esprit est pressé par la force du feu, il quitte le corps par lequel il estoit retenu : augmentez le feu peu à peu, & le continuez jusques à faire rougir la cornuë, il en sortira une huile

rouge terreftre fur la fin , mais en
tres-petite quantité , laquelle huile
quelques-uns ont tenu pour la veritable huile rouge de Saturne , mais
fauffement , puifque ce n'eft autre
chofe que la partie la plus pefante &
terreftre du vinaigre diftillé : la diftillation eftant finie , il faut laiffer refroidir les vaiffeaux , puis déluter le
recipient , lequel contient confufément le phlegme , l'efprit & l'huile,
& il refte dans la cornuë une terre
noire : il faut rectifier dans une petite cucurbite au bain Marie, ce qui
eft dans le recipient , l'efprit fortira
le premier , & fera inflammable comme celuy du vin , mais fera odorant
comme l'effence d'afpic ou de rofmarin ; le phlegme & la liqueur craffe
& huileufe demeureront dans le fonds
de la cucurbite. L'efprit, comme tous
les autres efprits volatils , eft un excellent remede contre la pefte, contre les fiévres putrides, & contre la
melancolie hypocondriaque, fa dofe
eft depuis quatre jufques à douze
gouttes , dans quelque liqueur convenable ; Le phlegme peut fervir à
laver

laver les playes & ulceres fœtides ;
La terre qui reste dans la cornuë, est
tres-noire tandis qu'elle est enfermée,
mais tout aussi-tost qu'on a rompu la
cornuë, & qu'elle prend l'air, elle
s'échauffe d'elle-mesme, & se change de noir en jaune, & en mesme-
temps se rarefie à veuë d'œil : Si on
la met dans un creuset à fondre, elle
retourne facilement en plomb.

CHAPITRE IV.

De l'Estain.

L'Estain est un metal imparfait, à
cause de la composition inégale
de ses principes, car il abonde fort
en soulphre & terre : il contient un
mercure assez pur, mais en petite
quantité, comme aussi fort peu de
sel ; ce qui est cause que l'on peut
détruire facilement sa forme metallique, & le reduire en chaux irreducti-
ble. On l'appelle Iupiter, à cause du
rapport qu'il a avec le Iupiter du
grand monde, & à cause que les re-

L

medes qui s'en tirent, fervent aux maladies du foye & de la matrice.

Purification de l'Eſtain.

L'Eſtain fin fe purifie de meſme que le plomb, dans une grande cueillere de fer, le faiſant fondre ſur le feu, & y adjouſtant quelques petits morceaux de ſuif, ou de cire, & oſtant avec quelque verge ou ſpatule de fer, l'écume noiraſtre qui s'eſt amaſſée deſſus, & verſant l'Eſtain ainſi depuré dans une baſſine bien nette.

Calcination de l'Eſtain.

L'Eſtain fe calcine ſur une tuille bordée au feu de reverbere, comme nous avons enſeigné au Chapitre precedent du plomb. Il ſe reduira par l'agitation continuelle peu à peu en poudre de couleur d'Iſabelle, pourveu que l'eſtain ſoit fin, & qu'il ne ſoit mêlé avec du plomb, mais s'il y a du plomb parmy, la chaux en ſera blanche: & c'eſt de cette der-

niere dont les Fayanciers se servent
pour leur vernix : on le peut aussi
calciner avec addition de souffre,
comme nous avons dit au Chapitre
precedent.

Sel de Iupiter.

PLusieurs Autheurs Chymiques
osent asseurer dans leurs escrits,
que la preparation du sel d'estain, &
celle du sel de plomb, ne different en
rien, & se doivent faire de la mesme
façon : nous connoissons aisément par
là, & par plusieurs autres choses contenuës dans leurs livres, qu'ils em-
pruntent les écrits les uns des autres,
& ayment mieux donner au public
des preparations sans fondement, que
d'en faire l'experience eux-mesmes,
& raisonner sur la possibilité des choses avant que de les produire. Car il
est impossible de faire la dissolution
de la chaux d'estain, quoy que tres-
bien reverberée, avec le vinaigre dis-
tilé , lequel dissout pourtant facilement le plomb. Il est vray que les
acides tres-corrosifs , comme l'eau

forte, l'esprit de nitre, &c. le dissoluent ; mais comme il en faut une grande quantité sur peu d'estain, les remedes qu'on en tire, par le moyen de ces corrosifs, ne peuvent estre que très-nuisibles ; mais si on reduit l'estain en fleurs par le moyen de la sublimation, il est alors si ouvert, que le vinaigre distillé le peut facilement dissoudre.

Prenez donc une livre d'estain fin en chaux ou limaille, & deux livres de salpétre bien affiné, reduisez-les ensemble en poudre, & les mettez dans une cucurbite faite de bonne terre, qui puisse resister au feu : placez la cucurbite au fourneau de reverbere, bouchez & lutez le haut du fourneau à l'entour de la cucurbite, à l'exception des quatre registres, par lesquels il faut gouverner le feu : adaptez sur la cucurbite trois ou quatre pots de bonne terre, percez par le fonds, à la reserve du plus haut, lequel doit clore tout, & du plus proche de la cucurbite, lequel outre qu'il doit estre ouvert par le fonds, doit avoir à costé une petite porte

pour l'introduction des matieres : lutez exactement les jointures des vaiſſeaux, & mettez le feu au fourneau
pour chauffer la cucurbite peu à peu,
juſques à ce qu'elle devienne toute
rouge ; & pour lors avec une petite
cueillere de fer, vous introduirez environ une once de la poudre, en fermant incontinent la porte, avec une
piece proportionnée de terre ou de
brique, laquelle vous puiſſiez oſter
& remettre facilement ; il ſe fera en
meſme temps une fulmination, par
laquelle les eſprits volatils du ſalpétre entraiſneront avec eux une partie
de l'eſtain, laquelle ſe ſublime & attache aux pots en forme de fleur blanche ; & lors que le bruit ſera paſſé,
mettez-y de nouveau par la petite
porte environ une autre once du mélange, en rebouchant promptement,
& laiſſant paſſer le bruit, & ainſi
continuant juſques à ce que toute la
poudre ſoit employée ; & pour lors
vous laiſſerez refroidir les vaiſſeaux,
& les déluterez apres, & vous trouverez les pots chargez par tout des
fleurs de l'eſtain en forme de farine ;

amaſſez les fleurs avec une plume, &
les lavez bien avec de l'eau chaude,
pour oſter toute l'acrimonie du ſalpétre, & continuez les lotions, juſques à ce que les fleurs ſoient bien
edulcorées, puis vous les ferez ſeicher à petit feu.

Mettez ces fleurs ainſi ſechées dans
un matras, verſez par deſſus du bon
vinaigre diſtillé juſques à l'eminence
de trois doigts ſur la matiere, mettez
le matras à digerer ſur le ſable chaud,
l'eſpace de trois jours, verſez par inclination la diſſolution dans un autre
vaiſſeau, & remettez de nouveau vinaigre diſtillé, ſur la matiere reſtante
dans le matras, & le mettre encore
ſur le ſable en digeſtion comme auparavant, puis verſez par inclination le
menſtruë, & ainſi continuez de remettre de nouveau vinaigre diſtillé,
digerer, & verſer par inclination les
diſſolutions juſques à ce que les fleurs
ſoient toutes diſſoutes : filtrez alors
toutes les diſſolutions enſemble, &
les évaporez par une lente chaleur,
juſques à ſiccité, & vous trouverez
au fonds du vaiſſeau le ſel de Iupiter,

lequel doit eſtre dépoüillé de l'acide
du vinaigre qu'il retient, par le moyen
de l'eſprit de vin, en la maniere ſui-
vante : mettez le ſel dans une petite
cucurbite de verre, verſez par deſſus
de bon eſprit de vin, tant qu'il ſurnage de deux doigts, adaptez un
alambic ſur la cucurbite, & un petit
recipient audit alambic, diſtillez par
une lente chaleur, & l'eſprit emportera avec ſoy une partie du ſel acide
du vinaigre diſtillé : reïterez cette
diſtillation encore ſix fois, en mettant toûjours de nouveau eſprit de
vin, & vous aurez un ſel de Iupiter
privé de toute acrimonie & doüé de
tres-grandes vertus, dans toutes les
maladies hyſteriques, ſa doſe eſt de
ſix à vingt grains, dans quelque liqueur convenable.

Magiſter de Iupiter.

FAites diſſoudre quatre onces d'eſtain bien fin, avec trois fois autant de bon eſprit de nitre, dans un
matras, ſur le feu de ſable, verſez la
diſſolution dans une grande terrine

vernie pleine d'eau bien nette, &
l'eau par sa quantité affoiblira l'esprit de Nitre, & le contraindra d'abandonner l'estain, lequel il avoit
dissout, & lequel se precipitera peu
à peu au fonds du vaisseau en poudre tres-blanche, laquelle il faut
edulcorer par plusieurs ablutions avec
de l'eau, & la faire seicher à l'ombre;
c'est un tres beau blancs, qui peut
estre mis dans les pommades pour le
visage.

CHAPITRE V.

Du Fer.

LE fer, lequel les Chymistes appellent Mars, est un metal imparfait qui contient tres-peu de mercure, mais beaucoup de sel fixe & de
soulphre terrestre : on en tire des remedes fort excellents, & lesquels
font des effets admirables en plusieurs maladies, ensorte que ceux
qui mesme sont contre la Chimie,
sont obligez de s'en servir & d'a-

voüer ſes vertus, lors que les autres
remedes ne produiſent l'effet deſiré.

Purification du fer.

LE fer ſe purifie & devient acier,
par le moyen des cornes & ongles
des animaux, leſquelles on coüpe
menu ou l'on les met en poudre groſſiere, & l'on les meſle avec du charbon de quelque bois leger, comme
ſaule ou tillot mis en poudre, & l'on
ſtratifie avec ce meſlange des barres
de fer dans des pots & fourneaux faits
exprés, & comme les ongles & cornes des animaux contiennent en elles beaucoup de ſel volatil, ce ſel par
le moyen du feu, penetre par ſa ſub-
tilité la ſubſtance du fer & le reduit
en acier.

Calcination de Mars, & ſa reductiᵒn en ſaffran adſtringent.

PRenez de la limaille d'acier bien
deſliée, ou de celle de fines aiguilles, mettez-la ſur une tuille large, & platte, laquelle vous placerez

dans un fourneau des verriers, ou dans un fourneau de reverbere l'espace de sept ou huit jours, ensorte que la flamme la touche continuellement, & la limaille sera convertie en poudre impalpable, spongieuse & rouge brune, laquelle il faut laver cinq ou six fois avec eau tiede pour emporter ce qui luy pourroit rester de sa vertu aperitive, puis la faire seicher, garder pour l'usage : cette poudre qui est ce qu'on appelle saffran de Mars adstringent, duquel on se sert pour les dissenteries, lienteries, crachemens de sang, gonorhées & autres maladies qui ont besoin de reserrer. Sa dose est depuis dix jusques à trente grains, dans la conserve de roses, ou dans du sirop de coings, ou dans quelque eau ou decoction propre. Il faut noter que les Chimistes donnent le nom de crocus ou saffran aux meraux ou mineraux, lesquels par le feu actuel ou potentiel sont reduits en poudre rouge ou tirant sur le rouge.

Autre saffran de Mars adstringent.

PRenez trois onces de limaille d'a-
cier, mettez-la dans une cucurbite de verre, & versez par dessus
peu à peu douze onces d'esprit de nitre, ou de bonne eau forte, je dis
peu à peu, à cause de la grande ébullition qui se fait, & lors qu'elle sera
passée, mettez un alambic sur la cucurbite & en retirez toute l'humidité, laquelle sera insipide comme de
l'eau, à cause que le Mars retient
tous les esprits acides; il restera au
fonds de la cucurbite une masse rougeastre, laquelle il faut mettre dans
un creuset en feu mediocre, jusques
à la faire rougir l'espace de trois heures, & vous aurez une poudre tres-
rouge, de laquelle on se sert exterieurement pour arrester les hemorrha-
gies, & pour desseicher les playes &
les ulceres : on se sert encor de ce
crocus dans les emplastres astringents,
dans les onguents, & dans les lini-
ments. Que si vous ne mettez qu'u-
ne once de limaille d'acier sur six

onces d'eau forte, laquelle vous faſ-
ſiez évaporer au feu de ſable dans un
matras, juſques à ſiccité, vous aurez un crocus reſoluble à la cave en
forme de liqueur rouge. C'eſt un remede tres-propre pour mondifier tout
ulcere, par ce qu'il le rend capable
de cicatriſation, laquelle il procure
par la faculté aſtringente qu'il tient
de ſa terre vitriolique.

Saffran de Mars aperitif.

FAites rougir un carreau d'acier
dans la forge d'un Maréchal juſques à ce qu'il devienne bien blanc,
& qu'il jette des petites eſtincelles;
ayez en meſme temps une grande terrine pleine d'eau, tirez du feu le carreau d'acier, ainſi rougy en blancheur, le tenant ferme avec de bonnes tenailles, au deſſus de ladite terrine pleine d'eau; joignez fermement
le bout de l'acier, contre le bout du
magdaleon de ſoulphre, ils couleront
l'un & l'autre goutte à goutte dans
l'eau, ce qui ceſſera en l'acier des
qu'il commencera à perdre ſa blan-

cheur, & pour lors il faut le remettre
à la forge, & lors qu'il fera derechef
rougy en blancheur, vous reïtererez
la jonction d'un magdaleon de foulphre, & continuerez ainfi jufques à
ce que tout l'acier foit fondu & cou-
lé goutte à goutte dans la terrine
pleine d'eau : verfez alors par inclination l'eau de la terrine : & mettez dans
un creufet l'acier & foulphre qui aura efté fondu, faites le bien rougir au
feu, le foulphre s'exhalera, & l'a-
cier demeurera, lequel il faudra pulverifer & paffer par le tamis, & en
fuitte reverberer à feu de flamme l'efpace de vingt-quatre heures, & vous
aurez un faffran de Mars aperitif, de
couleur tres-rouge, qui eft un grand
remede contre les maladies croniques,
contre la cachexie, contre les obftructions du foye, de la ratte & du me-
fentere : fa dofe eft depuis huit jufques à vingt-quatre grains, dans la
conferve de foucy de thamarifc, &
autres. Plufieurs fe fervent avec bon
fuccez de la limaille toute pure fub-
tillement pulverifée.

Vitriol de Mars.

PRenez trois livres de bon efprit
de Vitriol corrofif, lequel on appelle improprement huille, & neuf
livres d'eau de pluye, meflez-les
enfemble, puis mettez une livre de
limaille d'acier dans un grand matras, & verfez deffus peu à peu les
trois quarts du mélange d'eau &
d'efprit, mettez le vaiffeau fur le fable chaud l'efpace de deux jours,
pendant lefquels la plufpart de la limaille fe diffoudra, ce qui ne fe feroit pas fans l'addition de l'eau, laquelle empefche que l'huille de vitriol ne foit abforbé & congelé par
la limaille d'acier, & la liqueur deviendra verte, laquelle vous verferez par inclination dans un autre vaiffeau, & s'il refte encore de la limaille
a diffoudre, verfez deffus ce que vous
avez refervé du diffoluant, & digerez-le comme devant fur le fable
chaud, puis verfez ce qui eft clair
par inclination dans la premiere diffolution, & jettez ce qui demeure au

fonds du matras comme une terreſtréïté inutile, qui ſera en petite quantité ; filtrez toutes les ſolutions, & les faites évaporer dans une terrine de grais ſur le ſable chaud, juſqu'à moitié, puis mettez-la à la cave, ou autre lieu froid durant trois jours, pendant leſquels la plus grande partie de la liqueur ſe criſtaliſera en forme de vitriol ; verſez apres la liqueur qui ſurnagera dans un autre vaiſſeau, & la faites évaporer en partie, puis criſtaliſer comme devant ; & continuerez de verſer par inclination & criſtaliſer la liqueur qui reſtera, juſques à ce que toute l'humidité ſoit évaporée, & que toute la ſubſtance ſolide ſoit reduite en vitriol, puis ſéchez tous les criſtaux, & les gardez dans un pot de verre ou de fayance bién bouché. On tire pour l'ordinaire d'une livre de Mars, quatre livres de vitriol : & cette augmentation provient de la recorporification de l'eſprit de vitriol, lequel ſe joint & demeure volontiers avec le Mars, lequel eſt tres-propre à congeler & arreſter les acides par ſa vertu ſtiptique.

Le vitriol de Mars eſt bon contre la cachexie, contre les obſtructions du foye & de la ratte, du pancreas, & du meſentere ; mais on doit continuer l'uſage durant quelque temps, comme des autres remedes qui ſe tirent du Mars, deſquels auſſi on doit augmenter la doſe en les continuant, & ce peu à peu juſques à ce que l'eſtomac ſe ſouleve, puis il la faut rediminuer : la doſe eſt depuis trois juſques à quinze grains dans un boüillon ou dans quelque conſerve en forme de bolus. On peut auſſi faire des eaux minerales avec ce vitriol, leſquelles on fait fortes ou foibles, ſuivant l'intention ; mais d'ordinaire on met une dragme de ce vitriol, ſur deux pintes d'eau.

Autre Saffran de Mars aperitif.

REduiſez un carreau de fin acier en lamines bien déliées, leſquelles vous eſtendrez ſur un baſſin de fayance ou de terre bien verny, & les expoſerez ainſi de bon matin à la roſée du mois de May, en ayant ſoin

de

de les tourner & retourner, jusques
à ce que la rofée foit paffée ce jour là,
& que par le Soleil, ou autrement,
les lamines fe trouvent feches dans le
baffin ; & pour lors vous amafferez
foigneufement avec un pied de liè-
vre, une petite poudre, qui fera fur
les lamines en forme de roüilles : continuez la mefme opération avec pareil foin durant tout le mois de May,
ou autant que la rofée durera, en ra-
maffant tous les jours la poudre, laquelle vous garderez pour l'ufage.
Cette opération eft affez longue &
ennuyeufe, mais ce faffran ne cede
pas au premier en vertu aperitive,
laquelle eft fort augmentée par l'efprit fubtil & pénetrant contenu dans
la rofée, lequel s'unit avec l'acier,
& le reduit infenfiblement en poudre
impalpable : la dofe de ce crocus eft
de quatre jufques à quinze grains dans
les obftructions, comme les autres
remedes tirez du Mars, aufquels il
ne cede rien en vertu.

M

Autre Saffran de Mars aperitif.

PRénez une livre, ou tant qu'il vous plaira de vitriol de Mars fait avec l'esprit de vitriol, comme nous avons enseigné : mettez-le dans un creuset entre les charbons ardents l'espace d'une demie-heure, ou jusques à ce que le tout soit rougi : laissez apres refroidir le vaisseau, vous y trouverez une poudre rouge brune, qui pesera environ la moitié du vitriol qu'on a mis à calciner ; car les esprits les plus legers & les meilleurs s'en exhalent par l'action du feu, lesquels il est bon de conserver ; ce qui se fait en mettant le vitriol de Mars dans une cornuë de verre bien lutée au feu de reverbere clos, y adjoustant un grand recipient ; & procedant de la mesme façon, comme nous enseignerons au Chapitre du Vitriol la distillation de son esprit, vous aurez par ce moyen un tres-excellent esprit de vitriol de Mars, dont on se peut servir avec tres-bon succez où il est besoin d'employer les acides, & au

fonds de la cornuë, il vous restera
un saffran de Mars tres-beau & tres-
excellent, qui aura toutes les vertus
cy-devant nommées aux autres preparations des saffrans de Mars aperitifs.

Teinture de Mars aperitive par le moyen du tartre.

LA preparation de ce remede est
tres-simple & aisée à faire, &
on l'appelle improprement teinture,
puis que ce n'est autre chose qu'une
dissolution de la substance entiere du
fer, laquelle se fait par le moyen du
tartre, qui est une matiere fort abondante en sel acide; elle se fait ainsi :
Prenez demie livre de limaille d'acier
bien lavée, & deux livres de bon
tartre de Montpellier ou d'Allemagne, qui est encore meilleur pour
cette operation, neantmoins l'un ou
l'autre peut servir, pourveu qu'il soit
bien net & cristalin : pulverisez le
tartre, & le mélez avec la limaille,
& mettez le tout dans une grande
marmite de fer, versez dessus envi-

ron dix ou douze pintes d'eau de ri-
viere ou de pluye ; il faut que la marmite foit affez grande, & qu'il en demeure un tiers de vuide ; faites boüillir le tout à bon feu, en forte que
l'eau boüille toûjours, & qu'elle diffolve le tartre , pour faire agir fon
acide contre l'acier ; ce qui fe remarque quand la matiere commencera à
fe gonfler ; il faut pour cét effet que
la marmite foit fort grande & à demie remplie feulement , car autrement tout s'enfuiroit : continuez le
feu un jour entier , & ayez un vaiffeau remply d'eau boüillante auprés
de la marmite pour en remettre dans
la marmite à mefure que l'humidité fe confume : remuez cependant
continuellement la matiere , laquelle
paroiftra toûjours blanche comme de
la boüillie , & apres dix ou douze
heures d'ebullition , laiffez-la raffoir,
ce qui eft épois ira au fonds , & le
plus fubtil furnagera , & fera noiraftre , & d'un gouft douçaftre ; verfez
ce qui eft clair par inclination , & le
filtrez par le papier gris : puis le faites évaporer dans un vaiffeau de ter-

re à petit feu jufques en confiftence
de fyrop, & le gardez dans une fiole
pour l'ufage, comme un tres-bon &
afsuré remede pour toutes les obftructions du foye, de la ratte, & du
menfentere, du pancreas, pour les
cachexies, hydropifies, retention des
menftrues, & generalement pour toutes les maladies efquelles il eft befoin
d'ouvrir en fortifiant, c'eft aufsi un
fort bon remede contre les vers & la
pourriture de l'eftomac, & des inteftins : fa dofe eft depuis douze gouttes jufques à une demie cueillerée,
dans du boüillon, ou dans quelque
eau ou decoction appropriée.

Extrait de Mars aperitif.

PRenez une livre de limaille d'a-
cier tres-fine, mettez-la dans
quelque grande bouteille, & verfez
par defsus huit pintes de mouft ou
fuc de raifins nouvellement exprimé,
bouchez la bouteille, & l'expofez au
Soleil & au ferain l'efpace de quarante jours & quarante nuits, en remuant & agitant de temps en temps

la matiere, afin de mieux tirer la
fubftance aperitive de l'acier : au
bout duquel temps paffez par le papier gris la liqueur qui furnagera, laquelle vous trouverez chargée de la
couleur & du gouft de Mars : faites
évaporer tout ce qui aura efté filtré
jufques en confiftence de rob, fi vous
le voulez garder en forme liquide,
ou jufques en confiftence d'extrait, fi
vous en voulez méler avec des opia-
tes, tablettes ou pilules, & y procedez à petit feu dans un vaiffeau de
verre au bain Marie, ou de cendres
bien doux, afin que l'extrait ne fente
l'empyreme, & vous aurez un remede fort excellent, & qui ne fera pas
defagréable : Si vous le gardez en
confiftence de rob, la dofe peut eftre
de mefme que de la teinture de Mars,
laquelle nous venons de décrire ; &
fi vous le reduifez en extrait, la dofe peut eftre depuis fix grains jufques
à un fcrupule, dans quelque conferve appropriée, tablette, pomme
cuitte, ou autrement : on peut auffi
l'incorporer avec égales parties d'a-
loës, fuccotrin, diffout, depuré, &

cuit avec du fyrop de rofes pâles , &
en faire felon l'art une maffe, de laquelle on forme des pilules , de la
pefanteur de huit grains chacune, defquelles on fe fert avec heureux fuccez, pour toutes fortes d'obftructions
des hommes & des femmes : on n'en
prend qu'une pilule devant fouper,
& on en continuë l'ufage durant quinze jours , ou trois femaines : Il y en
a qui renforcent cette maffe avec de
la gomme ammoniac, ou fagapenum,
& mefmes y adjouftent de la fcamonée , & d'autres laxatifs ; ce que je
ne veux defapprouver , eftant ravi
que l'on invente tous les jours de
bons moyens pour faire valoir les excellens remedes , que la Chymie nous
fournit.

Extrait de Mars adftringent.

Q Voy que cette preparation eft
bien la plus fimple & la plus
aifée à faire de tout ce Traité , elle
merite pourtant bien d'y eftre infe-
rée , à caufe des bons effets qu'elle
produit, & qui m'obligent à en faire

part , mefmes: à ceux qui ignorent l'une & l'autre pharmacie : prenez quatre onces de limaille de fin acier, mettez là dans un pot de terre verni , & verfez par-deffus une pinte de bon vin de teinte , duquel les vendeurs de vin fe fervent pour donner couleur à leur vin blanc : faites les boüillir enfemble en remuant avec une fpatule de fer , jufques à ce que le vin foit confumé environ des trois quarts , filtrez chaudement ce qui reftera , & qui furnage la limaille, & le faites évaporer en confiftence d'extrait ; ou fi vous voulez avoir moins de peine, fervez-vous en mefme temps de cette liqueur filtrée , & en donnez une once dans un boüillon le matin à jeun & le reïterez durant quelques matins , cómme un grand remede pour les diarrhées , difenteries, flux hepatiques inveterez & autres maladies de mefme nature. Si on le reduit en forme d'extrait , la dofe doit eftre depuis douze grains , jufques à demie dragme , dans quelque boüillon ou quelque liqueur adftringente.

Sel

Sel de Mars.

PRenez demie livre de limaille d'a-
cier, mettez-le dans un plat de
terre verny, & l'arrousez avec de
bon vinaigre distillé, & le reduisez
comme en paste ; placez le vaisseau
au bain de cendres, & l'y tenez jusques à ce que la paste soit deseichée:
pulverisez là, & l'arrousez de nouveau
avec le mesme vinaigre distillé, & la
deseichez encore, & reïterez la mesme operation jusques à une douzai-
ne de fois ; pour bien ouvrir l'acier,
mettez en poudre l'acier pour la derniere fois, & l'ayant placé dans une
cucurbite au bain Marie, versez par
dessus trois livres de vinaigre distillé,
& le tenez au bain boüillant, jusques à ce que le menstruë soit diminué du tiers ; cessez le feu ; & le vaisseau estant refroidy, versez la dissolution par inclination dans quelque
bouteille, & versez de nouveau le
menstruë sur l'acier, & remettez la
cucurbite au bain boüillant, remuant de temps en temps la matiere;

N

& l'y laissez encore jusques à ce que
le menstruë soit diminué du tiers;
laissez encore refroidir le vaisseau,
puis versez par inclination la dissolution, reïterez pour la troisième fois
la mesme operation, & le vaisseau
estant refroidy, versez & meslez la
derniere dissolution avec les premieres, & filtrez le tout bien exactement,
& faites évaporer au bain Marie tout
ce qui aura esté filtré, jusques à ce
qu'il ne reste au fonds, qu'environ la
huictième partie; mettez ensuite le
vaisseau en lieu froid, & l'y laissez un
jour ou deux; durant lequel temps le
sel se cristalisera en partie; versez par
inclination l'eau qui surnagera les cristaux, dans un autre vaisseau aussi verny, & la faites encore évaporer, &
reïterez la mesme operation, jusques
à ce que vous ayez tiré tout le sel, lequel vous ferez seicher doucement,
& garderez pour l'usage: ce sel est improprement appellé sel aussi bien que
celuy de Saturne, car ce ne sont que
des solutions par le moyen de l'esprit
acide du vinaigre qui se corporifie a-
vec les dissouts, & qui les entretient

en forme de fel, mais ils peuvent eſtre facilement détruits par l'action du feu qui pouſſe les eſprits legers du vinaigre en l'air, & ces corps metalliques demeurent alors en forme de chaux terreſtre juſqu'à ce que par l'extreme violence du feu de fuſion on les reduit en metal.

Cela n'empeſche pas que tandis qu'ils ſont en forme de ſel ils n'ayent leur uſage dans la Medecine, puis que les acides avec leſquels ils ſont preparez les portent dans les lieux les plus éloignez & les plus difficiles ; & ces meſmes acides eſtans corrigez en quelque façon par les corps qui les retiennent ne peuvent agir avec tant de violence, comme ils pourroient faire eſtans ſeuls, ce ſel peut eſtre mis en uſage par tout où on employe les autres remedes aperitifs du Mars, la doſe eſt depuis trois juſques à quinze grains dans quelque vehicule.

CHAPITRE VI.

Du Cuivre.

LE cuivre est un metal imparfait, composé de peu de Sel, & de peu de Mercure, mais de beaucoup de soulphre, rouge & terrestre ; il est neantmoins plus pur que le fer, & contient moins de terre, & peu de Sel, d'où vient qu'il peut estre meslé avec l'or & avec l'argent sans les aigrir, au lieu que l'odeur seule des autres metaux les rend aigres & incapables d'estre estendus. Les Chymistes le nomment Venus, tant à cause des influences qu'il peut recevoir de cette planete que pour la vertu qu'il a pour les maladies lesquelles ont leur siege dans les parties de la generation. Le cuivre ne fournit pas si grand nombre de remedes internes que le fer, à cause de sa qualité vomitive laquelle se corrige difficilement ; mais il fournit des re-

medes plus puissans, que ne fait le
Mars , pour les maladies exterieures.
C'est pourquoy on doit tenir pour
suspect l'usage d'une eau qui a esté
en vogue depuis quelques années , &
qui ne tire sa vertu que d'un sel de
Venus fixé , lequel si on le donne en
substance , ne manque point de faire
paroistre ce qu'il est , en procurant
le vomissement : & l'usage de l'eau
qui est impregnée de ce sel produit
ces nausées (pour se servir de cette
belle expression d'Hippocrate) & vo-
missemens des veines , en les pic-
quottant , corrodant & affoiblissant,
quoy qu'insensiblement , jusques à
un poinct , que ne pouvant plus retenir les parties plus subtiles du sang,
ont causé la mort de plusieurs malades qu'on pretendoit par lesdites eaux
guerir de l'hydropisie , ou d'autres
maladies semblables.

Purification du cuivre.

R Eduisez le cuivre en lamines,
& le coupez en pieces propor-
tionnées au creuset , puis faites une

poudre groſſiere, compoſée de trois
parties de pierre ponce, & d'une
partie de ſel de verre, ſtratifiez vos
lamines dans un creuſet bien fort, en
commençant & finiſſant par la poudre, & le mettez dans un feu de fuſion tres-violent ; Le cuivre ſe fondra, & ſe trouvera au fonds du creuſet, & la pierre ponce ſe tiendra au
deſſus & ſuccera une partie de ſon
ſoulphre terreſtre & impur : cette
operation peut eſtre reïterée deux ou
trois fois, pour d'autant mieux purifier le cuivre, & le rendre plus propre aux operations Chymiques.

Calcination du cuivre.

LE cuivre ſe peut calciner en crocus de meſme que le Mars, en
le reduiſant en limaille, & le mettant ſur une tuile bordée, & le tenant au feu de reverbere, l'eſpace de
ſept ou huit jours. On le peut auſſi
calciner en le reduiſant en lamines &
le ſtratifiant avec du ſoulphre en poudre, dans un pot qui puiſſe reſiſter
au feu, & qui ſoit couvert de ſon

couvercle, qui aye un trou au milieu
pour laiffer exhaler le foulphre ; le
cuivre ainfi bruflé s'appelle *æs vftum* ;
on le peut auffi calciner en quelque
forte, & reduire en verdet, en le
reduifant en lamines, & le ftratifiant
dans un vafe couvert, avec du marc
de l'expreffion des raifins qui a boüil-
ly avec le vin dans la cuve, au fonds
duquel vafe il y doit avoir un peu
de vin, fur lequel on met quelques
baftons de bois en croix pour empefcher que les lamines ne touchent
ledit vin ; & on humecte un peu ledit marc avant qu'en ftratifier les lamines, lefquelles rendent leur verdet, apres que le marc s'eftant fer-
menté & échauffe, le tartre vineux
qui refte dans le marc eftant excité
par les vapeurs du vin, qui eft au
deffout, fe volatilife en efprit, & en
paffant pénétre & corrode les lamines, & les reduit en verdet. Or on
ne fçauroit venir à bout de cette
preparation dans tous les lieux où il
croift du vin, parce qu'ils ne contiennent pas tous également la quantité de tartre requife pour cét effet ;

C'eſt pourquoy il s'en fait une grande quantité à Montpellier, & autres
lieux circonvoiſins, à cauſe que les
vins de ces lieux abondent en tartre
tres-pur & penétrant, & fort propre
à cét effet.

Vitriol de Venus.

PRenez une livre de limaille de
cuivre, mettez-la dans un matras, & verſez deſſus trois livres de
bon vinaigre diſtillé, & les mettez
en digeſtion ſur le ſable chaud l'eſpace de trois ou quatre jours, puis verſez le vinaigre diſtillé par inclination,
& en remettez d'autre ſur le cuivre,
& les faites digerer comme devant,
& reïterez cela en verſant par inclination les diſſolutions, juſques à ce
que toute la limaille ſoit reduite en
liqueur verte, laquelle il faut fi'trer,
& en faire évaporer l'humidité juſqu'à ce qu'il ne reſte qu'environ quatre livres de liqueur ; & pour lors
oſtez le vaiſſeau du feu, & le tenez
en lieu froid durant deux ou trois
jours, & une partie de la liqueur ſe

criſtaliſera : verſez encore la liqueur
qui ne ſera criſtaliſée , & la faites é-
vaporer à moitié , & la remettez à
criſtaliſer comme devant : & continuez ainſi tant que vous ayez reduit
toute la ſubſtance diſſoute en criſtaux
verts , leſquels vous ſécherez & garderez ſoigneuſement. Cette operation
ſe fait bien plus aiſément avec le verdet , à cauſe que le vinaigre diſtillé
le trouve plus ouvert & plus diſpoſé
à la diſſolution que n'eſt le cuivre
crud.

Autre Vitriol de Venus.

ON peut preparer un Vitriol de
Venus de couleur celeſte, par le
moyen de l'eſprit acide de vitriol, en
la meſme maniere que l'on fait le
vitriol de Mars.

Eſprit de Venus.

PRenez une livre de criſtaux verts
de cuivre ou de verdet, tirez par
le vinaigre diſtillé , mettez-les dans
une cornuë de verre , laquelle vous

placerez au fourneau de fable, & luy
adapterez un grand recipient ; lutez
bien les jointures , & donnez feu
moderé au commencement ; il en fortira premierement une eau phlegmatique , puis un esprit , lequel paroiftra dans le recipient en forme de veines finüeufes , comme fait l'eau de
vie ; il faut alors augmenter le feu
pour pousser les esprits blancs , lefquels fortiront en nuages , & à la
fin en fortira une liqueur jaunaftre :
la distillation eftant finie, il faut laiffer refroidir les vaisseaux & les déluter , vous trouverez dans la cornuë
une terre noire comme du charbon,
laquelle on peut mettre en poudre,
& garder comme fort ftiptique , &
bonne à fécher les playes & ulceres ;
elle peut aussi eftre reduite en cuivre
par le feu de fufion , avec addition
de falpétre & de tartre. Il faut mettre tout ce que le recipient contient
dans une petite cucurbite, & la mettre au fable chaud avec fon chapiteau
& recipient , & faire diftiller toute
la liqueur jufques à fec, par une chaleur lente ; vous aurez un esprit tres-

clair & excellent contre toutes les
obstructions du foye & de la ratte,
C'est aussi un bon remede contre l'e-
pileptie, apoplexie, & maux de teste
inveterez : on en donne dans les juleps jusques à une agreable acidité.
On s'en peut aussi servir pour la dissolution des coraux, perles, & autres; mais comme le vinaigre distillé
fait le mesme effet, nous ne conseil-
lons à personne de se servir d'un esprit, lequel est fort penible à faire;
& bien que quelques-uns veulent faire à croire que cét esprit agit sans
reaction sur les corps, & qu'on le
peut retirer par distillation, avec la
mesme force, laquelle il avoit auparavant; nous sçavons pourtant par
experience le contraire, & avons re-
connu que cét esprit laisse aussi bien
l'impression de son acrimonie, comme le vinaigre distillé dans les corps,
lesquels il a dissouts, soit perles, soit
coraux, & par consequent ne pouvons souscrire à tous les eloges qu'on
luy a voulu donner.

Vitriol volatil de Venus, & son magistere.

PRenez quatre onces de limaille de cuivre, laquelle vous mettrez dans un matras, versez par dessus de l'esprit acide de sel armoniac preparé, comme nous enseignerons en son lieu, tant qu'il surnage de trois doigts : bouchez le matras , & le mettez en digestion sur le sable chaud pendant quelques jours, & l'esprit se chargera de la substance du cuivre , & en dissoudra une partie : faut noter que cette dissolution ne se fait pas avec violence, comme celles qui se font par les eaux fortes, mais peu à peu ; de sorte que ce que l'eau forte pourroit faire en une heure de temps, cét esprit ne le peut faire dans quatre jours : versez la dissolution par inclination dans un autre vaisseau, & s'il reste du cuivre à dissoudre, remettez-y d'autre esprit jusques à ce que la limaille soit toute dissoute ; puis filtrez toutes les dissolutions, & en faites évaporer la moitié dans une cu-

curbite couverte fur le fable chaud ;
mettez ce qui refte en lieu froid pour
criftalifer durant deux jours , verfez
la liqueur qui furnagera les criftaux
dans une autre cucurbite , & la faites
encore évaporer à moitié , & la mettez encore au froid pour criftalifer ;
& ainfi vous continuerez jufques à ce
que vous ayez tout criftalifé : féchez
alors doucement les criftaux , & les
confervez foigneufement. Ce vitriol
a quelque chofe de myfterieux en
foy , & fa preparation eft la premiere
démarche pour parvenir a la connoiffance du foulphre doux de Venus,
lequel Van-Helmont recommande
plus que toute autre chofe. Si on
met de ce vitriol dans un creufet fur
les charbons ardents , il s'envole tout
à fait. On en peut faire un excellent
remede, le fublimant avec du fel armoniac, comme s'enfuit. Prenez quatre onces de vitriol, & quatre onces
de fel armoniac, broyez-les enfemble,
& les reduifez en poudre fubtile,
mettez la poudre dans une cucurbite
avec fon alambic bien luté , & luy
adaptez un recipient auffi bien luté,

& sublimé par le feu de sable de degré en degré tout ce qui pourra monter, & puis laissez refroidir les vaisseaux, & prenez ce qui est sublimé:
faites le dissoudre dans de l'eau tiede, & le filtrez : puis versez par dessus de l'huile de tartre faite par dé-
faillance , pour faire precipiter une
poudre verdastre, qui est le magistere
de Venus, lequel il faut bien édulcorer par plusieurs ablutions , & le
faire sécher. C'est un souverain remede contre la gonorrhée inveterée,
en le prenant durant plusieurs jours,
depuis six jusques à douze grains,
dans quelque conserve en forme de
bolus. Vous pouvez garder à part
un peu d'esprit urineux, qui se trouvera dans le recipient, lequel peut
estre employé exterieurement pour
les douleurs provenantes d'humeurs
froides.

Liqueur de Venus.

Faites dissoudre une once de limaille de cuivre dans huit onces
de bonne eau forte, & faites-en éva-

porer l'humidité peu à peu au feu de
fable, jufques à ce qu'il refte au
fonds du vaiffeau une maffe verte,
laquelle eftant tenuë à la cave durant
quelques jours fe refoudra en liqueur, qui peut fervir à mondifier
les ulceres, & à ronger les chairs baveufes, & toutes fuperfluitez.

CHAPITRE VII.

Du Vif Argent.

LE Vif Argent eft un corps mineral liquide, pefant & reluifant,
compofé d'une terre fulphurée fubtile, & d'une eau metallique, doüée
de la mefme fubtilité, l'une & l'autre fortement unies & liées enfemble.
On l'appelle auffi mercure, à caufe
de la conformité qu'il a dans fes ac-
tions avec le mercure celefte, lequel
mefle fouvent des influences avec celles des autres Planettes, & fuivant fa
diverfe jonction produit & fait produire des effets differens : Ainfi no-

ftre mercure fe joint aifément avec les autres metaux , & diverfifie fes effets, fuivant la qualité , laquelle il donne où reçoit des corps metalliques & des efprits mineraux, avec lefquels il fe trouve joint : ce n'eft pas qu'il ne puiffe feul & fans eftre joint avec les autres. produire des effets , mefme furprenans , comme l'on pourra remarquer dans fes preparations. Neantmoins il faut avoir bien de la difcretion & de la prudence pour s'en fervir ; & il y a bien fouvent de la temerité dans ceux qui l'employent, tant pour le peu de connoiffance qu'on a de la nature d'un corps qui fe varie en mille manieres differentes , que pour les diverfes complexions & temperamens des malades , & des maladies dans lefquelles on l'employe tres-frequemment., & peut eftre plus fouvent que befoin ne feroit.

Le Vif Argent fe trouve en beaucoup de lieux tout coulant , eftant pouffé par la chaleur centrique, jufques à la fuperficie de la terre , de mefme que l'on en trouve auprés de Cracovie en Pologne ; mais ordinairement

ment on le trouve en divers endroits
enveloppé d'une terre minerale, de
laquelle on le fepare par la diftillation dans des cornuës de fer, comme
j'ay vû dans une mine de Vif Argent,
laquelle eft prés d'un Village en al-
lant de Gorits, Ville d'Efclavonie, à
Lubiane, Ville Capitale de Carniol-
le : elle eft fi fertile & abondante,
que pour l'ordinaire douze livres de
cette mine, laquelle a la forme d'une
terre grifaftre, rendent par la cornuë
de fer plus de quatre livres de Vif
Argent. On trouve auffi dans la Hongrie & Tranffilvanie des mines de Mercure, lefquelles font rougeaftres, &
ont en elles quelque portion du foulphre folaire : ce qui eft caufe que le
Mercure venant de ces lieux, eft efti-
mé meilleur que celuy qui ne participe point de l'or. Mais d'autant que le
Mercure paffe par beaucoup de mains
avant qu'il parvienne à nous, & qu'il
peut eftre fophiftiqué, & que d'ailleurs mefmes il peut eftre meflé dans
la mine avec quelque fubftance hete-
rogene, il eft neceffaire de le bien purifier, avant que l'employer pour le
corps humain.

O

Purification du Mercure.

IL y a plusieurs purifications de mercure. Il y en a qui se contentent de le laver avec de bon vinaigre & du sel, puis l'ayant seiché le passent par une peau de chamois ; mais comme il peut emporter avec soy le plomb, ou bismuth, ou quelque autre mineral, avec lequel il pourroit avoir esté meslé, cette purification n'est pas suffisante ny legitime. D'autres mettent le mercure dans une cornuë, & le font passer par la distillation dans un recipient remply à demy d'eau, & si le mercure a esté augmenté de plomb, ou de bismuth, ils demeureront au fonds de la cornuë, & le mercure aura distillé pur & net dans le recipient. Mais la meilleure purification de mercure, & la plus propre pour toutes les operations Chymiques, est de faire revivifier le cinabre en mercure coulant : par ce moyen on est assuré d'avoir un mercure pur, comme il vient de la premiere main : puisque tout le cinabre eſt fait proche des mines de mercure, auquel on donne cette forme, pour le pouvoir plus aiſément tranſporter ; ſecondement, le mélange du mercure avec le ſoulphre, par le moyen duquel le cinabre ſe fait, & ſa ſublimation, le graduent & perfectionnent en quelque ſorte ; en troiſiéme lieu, la revivification du cinabre en mercure coulant par le moyen de la limaille de fer, le delivre encore de tout ce qu'il pouvoit contenir d'impur. Mais puiſque nous voulons nous ſervir du mercure coulant revivifié du cinabre, il eſt à propos d'enſeigner au prealable, la preparation du cinabre artificiel.

Sublimation du mercure en cinabre & ſa revivification en mercure coulant.

Faites fondre dans une terrine large une livre de ſoulphre commun, puis mettez trois livres de mercure dans une peau de chamois, faites paſſer ledit mercure à travers ladite peau,

en le preffant doucement, en forte
qu'il en forte peu à peu comme une
petite pluye, & tombe immediatement dans la terrine, laquelle contient le foulphre fondu; agitez cependant & remuez continuellement le
foulphre en le tenant en fufion, jufques à ce que le mercure foit incorporé avec luy imperceptiblement; laiffez alors refroidir la matiere, laquelle
fera noire, & la mettez en poudre
groffiere, & la faites fublimer dans
un aludel, ou pot de terre fublimatoire à feu ouvert, & vous aurez un cinabre tres-beau; & fi le mercure a
efté fophiftiqué avec du plomb, bifmuth, ou autre chofe, il laiffera tout
ce qu'il contenoit d'eftrange dans le
fonds du vaiffeau fublimatoire, de forte que l'on eft affeuré de la bonté, &
pureté de ce mercure converty en cinabre. L'ufage ordinaire du cinabre
eft pour la peinture, comme auffi dans
les parfums, defquels on fe fert pour
provoquer la falivation aux verolez;
on s'en fert auffi dans des onguents,
pour la gratelle, & vices du cuir.

Pour le revivifier en mercure cou-

lant ; prenez une livre de ce cinabre
ou de celuy que l'on vend dans les
boutiques, & une livre de limaille de
fer, broyez les enſemble, & mettez
ce mélange dans une cornuë de verre ou de terre bien lutée , alors placez la cornuë dans un fourneau, &
mettez du charbon à l'entour d'icelle,
tant qu'elle en ſoit toute couverte ;
mettez enſuitte du charbon allumé
par deſſus, & faites en ſorte que le
feu s'allume peu à peu, afin que la
cornuë ne s'échauffe pas tout à la fois;
adaptez à la cornuë un recipient à
demy plein d'eau, & lors que ladite
cornuë commencera à rougir, le mercure coulera goutte à goutte dans le
recipient ; augmentez le feu, & le
continuez juſques à ce qu'il n'en ſorte plus rien : verſez l'eau qui ſurnage,
& faites ſeicher le mercure, & le gardez pour l'uſage : La limaille de fer
laquelle reſte dans la cornuë , ſera
fort rarifiée & noire, & augmentée
de poids, parce qu'elle retient tout
le ſoulphre, qui a eſté dans la compoſition du cinabre, lequel ſoulphre
quitte le mercure pour s'attacher au

fer à cause des esprits acides contenus dans le soulphre, lesquels sont retenus, & aneantis par le fer.

Precipité rouge.

PRenez quatre onces de ce mercure revivifié du cinabre, mettez le dans un matras, & versez par dessus six onces de bonne eau forte, placez le matras sur le sable chaud, jusques à ce que tout le mercure soit dissout, ce qui arrive d'ordinaire dans un quart-d'heure, versez alors la solution dans une cornuë, & distillez au feu de sable tout ce qui pourra sortir, & cohobez par deux fois ce qui sera distillé, & à la fin de la derniere cohobation, augmentez le feu, jusques à faire rougir la cornuë; laissez apres refroidir le vaisseau, & le rompez, & vous y trouverez une masse rouge & luisante, laquelle vous mettrez en poudre dans un mortier de marbre. Ce precipité est en usage pour les maladies veneriennes, il y en a qui s'en servent par la bouche, depuis quatre jusques à huit grains, dans des pilulles, ou dans quelque conserve en forme de bolus. On s'en sert aussi avec heureux succéz dans les pommades contre la gratelle, dartres & autres vices du cuir ; auquel cas il faudroit observer que l'eau forte ne fut faite qu'avec le salpêtre & l'alun, parce que celle où entre le vitriol est trop violente & corrosive. On s'en sert aussi aux ulceres & chancres, tant pour les mondifier que pour en consumer les chairs baveuses & toutes superfluitez.

Mais pour ce qui est de l'usage interne, afin de luy oster une bonne partie de sa corrosion, il le faut mettre dans une écuelle de terre, & verser par dessus de bon esprit de vin, & l'allumer & le faire brûler, & reverser jusques à trois fois du mesme esprit de vin, le faisant brûler par dessus le precipité comme la premiere fois, & pour lors vous vous en pourrez servir interieurement avec plus de seureté.

Il faut advertir icy les Chirurgiens & autres, qui achetent quelquefois du precipité de certains coureurs qui le portent de boutique en boutique, lefquels pour épreuver de la bonté de leur precipité en mettent un peu fur les charbons ardents, & d'abord qu'il fent l'action du feu, il s'en revivifie une partie en mercure coulant; la raifon de cela eft que leur pretendu precipité rouge eftant meflé & fophiftiqué avec le *minium*, qui n'eft autre chofe que du plomb calciné qui retient les efprits de l'eau forte, qui auparavant tenoient le mercure en forme de poudre rouge, ce mercure reprent fa premiere forme, ce que le veritable precipité rouge ne fait pas; car en le mettant fur le charbon ardent il s'exhale entierement, les efprits corrofifs & le mercure eftans eftroittement joints & ne trouvans point de corps tel que pourroit eftre le plomb pour les divifer. Ils s'exhalent conjointement au feu.

Turbith mineral.

Renez quatre onces de mercure revivifié de cinabre, & feize onces d'huile de foulphre, ou de vitriol, mettez-les enfemble dans une cornuë
de

de verre, placez la dans le fable chaud
l'efpace de vingt-quatre heures ; eftant
paffées, il faut incliner la cornuë, &
adapter un recipient, puis augmenter
le feu peu à peu ; il en fortira au
commencement beaucoup de phlegme, parce que le corps du Mercure
retient à foy les efprits acides du vitriol, ou du foulphre ; pouffez le feu
jufques à ce qu'il en forte à la fin un
peu d'efprit acide, lequel le mercure
n'aura pû retenir. Laiffez apres refroidir les vaiffeaux, & vous trouverez au fonds de la cornuë une maffe
blanche comme neige, laquelle il faut
broyer dans un mortier de verre, &
mettre deffus quantité d'eau chaude,
& cette poudre blanche fe changera à
l'inftant en poudre jaune, laquelle il
faut bien édulcorer avec de l'eau tiede, la fécher & la garder. Cette poudre purge puiffamment par haut & par
bas, mélée avec des pilules ou electuaires purgatifs : on s'en fert pour la
cure des maladies Veneriennes : fa
dofe eft depuis trois jufques à fix
grains.

La violence de cette poudre peut

P

eftre moderée en verfant par deffus
de l'efprit de vin, & le faifant brûler,
en remuant toûjours la poudre , &
reïterant la mefme operation jufques
à fix fois; & pour lors on s'en peut
fervir avec plus de feureté , & mefmes augmenter fa dofe jufques à huit
ou neuf grains.

Precipité blanc.

DIffoluez huit onces de ce mefme
mercure dans un matras bien
grand , avec dix ou douze onces de
bonne eau forte fur le fable chaud, &
eftant diffout verfez par deffus quatre
ou cinq fois autant d'eau tiede, pour
rompre la force des efprits corrofifs;
adjouftez y enfuitte environ huit onces de fel Marin purifié, & vous verrez tomber le Mercure au fonds en
poudre blanche : laiffez-le bien raffoir, & verfez la liqueur dans un autre vaiffeau : puis lavez & edulcorez
voftre Precipité avec de l'eau tiede,
jufques à ce que toute l'acrimonie des
fels & efprits en foit oftée : puis fé-
chéz ce Precipité à l'ombre,

Versez goutte à goutte de l'huile de tartre faite par deffaillance sur la premiere lotion, laquelle vous aurez conservée à part, & elle precipitera la partie du Mercure, laquelle le sel commun n'avoit pû precipiter, & fera tomber au fonds du vaisseau une poudre rouge, laquelle il faut laver & edulcorer, comme nous avons dit du Precipité blanc. Or on peut encore reserver la premiere lotion, & verser par dessus goutte à goutte de l'esprit d'urine, lequel fera tomber encore quelque portion du Mercure en poudre grisaftre ; ainsi on peut avoir d'une mesme sorte de solution trois sortes de precipitez, desquels on se peut également servir dans les pommades, pour la galle, gratelle, dartres, & autres vices du cuir; où il est à noter qu'il ne s'en faut jamais servir au visage, du moins par un long & continuel usage, parce que cela gafteroit les dents ou debiliteroit le cerveau, les nerfs & les membranes dans leur source & leur origine, & que l'on a remarqué causer la surdité en des personnes dont on ne peut conjecturer aucune autre caufe, que l'application de tels remedes fur le vifage. Mais le premier precipité par le fel commun , peut eftre pris par la bouche pour les maladies Veneriennes; il purge par haut & par bas : fa dofe eft depuis quatre jufques à huit grains. Notez que fi vous mettez ce precipité blanc dans un matras, & fi vous le fublimez fans aucune-addition dans le fable , vous aurez un fublimé doux, excellent, duquel on peut donner jufques à vingt & trente grains dans quelque maffe de pilules , fans crainte de vomiffement , car la feule fublimation corrige fa qualité violente.

Sublimé corrofif.

Faites diffoudre dans un matras une livre de mercure, avec une livre de bonne eau forte , fur un feu de fable moderé ; & eftant diffout, verfez la diffolution dans un alambic, & en diftillez environ la moitié de l'humidité , laquelle vous jetterez: vous laifferez refroidir ce qui reftera,

& il fe congelera en forme de fel ou
vitriol : mélez ce vittriol de mercute
avec une livre de fel decrepité, &
autant de vitriol de phlegmé, l'un &
l'autre mis en poudre fubtile : mettez
ce mélange dans une cucurbite de verre avec fon chapiteau, & le placez au
fourneau de fable, adaptez un recipient, & diftillez à feu tres-doux tout
le phlegme qui en pourra fortir, puis
augmentez le feu d'un degré, pour
faire monter peu à peu le mercure,
lequel fe joindra avec autant d'efprit
de fel & de vitriol qu'il luy fera neceffaire pour la criftalifation & congelation, & vous le verrez monter
& s'attacher aux parois de la cucurbite, continuez le feu durant douze
ou quinze heures, toûjours dans un
degré mediocre ; car fi la chaleur
n'eftoit fuffifante, la fublimation ne
pourroit fe faire, & fi elle eftoit trop
grande, tout fe cafferoit, ou le fublimé fe fondroit & retomberoit en
bas fur les feces; laiffez apres refroidir le fourneau & les vaiffeaux, vous
trouverez le mercure fublimé au haut
de la cucurbite, laquelle il faudra

P iij

casser, pour en separer ce qui sera beau & cristalin d'avec le *caput mortuum*, qui est au fonds de la cucurbite, & d'avec la folle farine, laquelle se trouve dans le chapiteau.

On peut aussi faire la sublimation du mercure sans le dissoudre auparavant avec de l'eau forte, en le broyant avec le double de son poids de vitriol deséché, & autant de sel decrepité; mais comme il faut bien du temps à broyer le mercure avant qu'il soit tout à fait incorporé avec les poudres, & que les atomes ou la poussiere qui en sortent est fâcheuse & nuisible au cerveau, nous preferons la maniere décrite.

Sublimation du Mercure doux.

BRoyez dans un mortier de marbre avec un pilon de bois ou de verre une livre de sublimé corrosif, preparé comme cy-dessus, & le mélez & incorporez avec huit ou dix onces du Mercure vivifié de cinabre, en remuant si long-temps qu'il n'y paroisse point du tout de Mercure, &

que le mélange soit converti en pou
dre grife : mettez ladite poudre dans
une phiole, de laquelle la moitié &
un peu plus demeure vuide : placez
la phiole au fourneau de fable, &
donnez le feu par degrez durant fept
ou huit heures : laiffez enfuitte refroidir le fable, & tirez-en la phiole
& la caffez, & vous trouverez au
fonds de la phiole une petite quantité de terre legere, & au deffus &
mi'ieu de la phiole le mercure fublimé doux, & au haut & vers le col
de la phiole, quelque peu de mercure corrofif, lequel il faut feparer : ce
fublimé du milieu fera compacte &
affez doux, mais il doit eftre broyé
de nouveau dans un mortier de marbre, & refublimé feul encore par
deux fois, en feparant à chaque fois
la terre, & ce qui fe fera fublimé au
haut de ladite phiole ; vous garderez
le fublimé qui fe trouvera au milieu,
& qui fera fort bien dulcifié & propre à tous ufages : La dofe du Mercure doux eft depuis fix grains jufques à trente. On le méle avec quelque purgatif en bolus ou pilules, &

ne se donne seul pour éviter la saliva-
tion, laquelle il pourroit provoquer.
Son usage est principalement contre
les maladies Veneriennes & contre
les vers.

Faut remarquer que toutes les preparations de Mercure peuvent estre
revivifiées de mesme que le cinabre,
par le moyen de la limaille, ou de la
chaux vive, lesquelles attirent & retiennent à elles tous les esprits, qui
avoient aresté le Mercure, & luy
avoient donné diversité de formes. Il
est aussi à observer que dans les preparations du mercure tant corrosif
que doux on ne doit jamais toucher
avec aucun metal, car les sels corrosifs attireroient la couleur & luy oste-
roient sa blancheur.

CHAPITRE VIII.

De l'Antimoine.

L'Antimoine est un corps mineral,
fort approchant de la nature metallique, composé de deux sortes de

soulphre; l'un tres pur & fixe, & peu
esloigné des qualitez du soulphre so-
laire, l'autre combustible comme le
soulphre commun. Il est aussi composé de beaucoup de mercure metallique fuligineux, & indigeste, mais
plus cuit & plus solide que le mercure commun, & de fort peu de terre crasse & saline.

L'Antimoine vient de divers lieux,
tant en France, qu'en Allemagne &
Hongrie, suffit de le choisir en longues aiguilles bien brillantes, & un
peu de diverse couleur, entre bleu &
rougeastre. L'ayant bien choisi, il en
faut separer son soulphre combustible, lequel empesche l'activité des
remedes que l'on en tire, & pour y
parvenir, on met en usage diverses
preparations, desquelles nous choi-
sissons celles qui sont absolument necessaires pour la pratique de la Medecine, rejettans une infinité de super-
fluës, lesquelles ne servent principalement qu'à consumer du charbon &
perdre des vaisseaux.

Regule d'Antimoine ordinaire.

PRenez une livre de bon Antimoine, douze onces de tartre de Montpellier, & cinq onces de Nitre, mettez-les ensemble en poudre, puis ayez un grand creuset, & le placez dans un fourneau à vent sur un petit rond, afin qu'il ne touche la grille, & qu'il puisse recevoir davantage de chaleur ; & le faites rougir entre les charbons ardents, ayez un couvercle proportionné au creuset ; prenez environ une once du meslange avec une cueillere de fer , & le mettez dans le creuset, & le couvrez en mesme temps avec son couvercle, l'Antimoine se calcinera tout aussi-tost avec un bruit que l'on appelle detonation ; lequel passé, remettez de nouvelle matiere dans le creuset, en le couvrant comme devant , & ainsi continuez tant que toute la matiere soit dans le creuset ; donnez alors un bon feu de fusion, & la matiere estant fonduë, jettez-là dans un cornet de fer graissé au dedans, & frappez en mes-

me temps fur ledit cornet avec les
pincettes pour faire tomber le regule
au fonds , laiffez refroidir le tout , &
renverfez le cornet , & vous trouverez un culot pointu de regule au
fonds du creufet , & les fcories au
deffus , lequel regule vous feparerez
avec un coup de marteau , & le garderez à part ; comme auffi les fcories, defquelles vous pouvez faire le
foulphre doré de l'Antimoine, en les
faifant boüillir dans de l'eau commune , & filtrant la décoction , fur laquelle verfant peu à peu du vinaigre
diftillé , vous verrez precipiter un
foulphre rouge d'Antimoine , lequel
il faut édulcorer par plufieurs lotions,
puis le feicher. Plufieurs appellent
cette poudre foulphre doré Diaphoretique , mais improprement , car
c'eft un puiffant vomitif ; fa dofe en
fubftance eft de deux à fix grains :
on le peut auffi infufer avec du vin,
de mefme comme le faffran des metaux , pour faire du vin Emetique.

Regule d'Antimoine avec le Mars.

PRenez une demie livre de pointes de cloux à ferrer les Chevaux, mettez-les dans un bon creuſet, au fourneau à vent, & couvrez le creuſet d'un couvercle; donnez feu de fuſion, & ſitoſt que les pointes des cloux ſeront bien rougies, adjouſtez-y une livre de bon Antimoine en poudre groſſiere, & couvrez le creuſet de ſon couvercle, & par deſſus de charbon, afin que le feu ſoit fort violent, & que la fuſion de l'Antimoine ſe faſſe promptement, & qu'il puiſſe agir ſur le fer, & le reduire en ſcories, avec leſquelles la partie ſulphureuſe impure de l'Antimoine ſe joint en meſme temps, mais la partie mercurielle, & pure ſe met à part. Il faut avoir le cornet de fer au feu pour le tenir chaud, & le frotter avec de la cire & de l'huile; Et lors que vous verrez la matiere en fonte bien claire, jettez-y peu à peu trois ou quatre onces de ſalpétre, je dis peu à peu, afin que l'action du Nitre

ne faffe trop boüillir la matiere, &
qu'elle ne forte du creufet. Et alors
vous verrez que la matiere jettera
quantité d'efteincelles , lefquelles
proviennent du nitre, & du foulphre
de l'Antimoine , & lors qu'elles feront paffées, jettez la matiere dans le
cornet échauffé & huilé , comme
nous avons dit , & frappez fur le
cornet avec les pincettes pour faire
defcendre en bas le regule , lequel
eftant froid , vous le tirerez du cornet, & le feparerez des fcories avec
un coup de marteau. Ces fcories ne
font autre chofe que la partie fulphureufe & terreftre de l'Antimoine
mélée avec le Nitre , & une partie
de Mars, faifant avec eux une maffe , laquelle à l'abord eft fort compacte , mais elle fe rarefie en peu de
jours en poudre affez legere, laquelle
reffemble à la fcorie de fer. Or le regule ne fera pas affez pur dans la premiere fufion, c'eft pourquoy il le faut
faire fondre dans un nouveau creufet, & eftant fondu, jettez trois onces d'antimoine crud en poudre, faites fluer enfemble à un feu vif : Cet-

te addition d’antimoine confumera ce qui pourroit refter des impreffions de Mars, que le foulphre de ce nouveau antimoine acheve de confumer : La matiere eftant bien en fufion, jettez dedans peu à peu deux ou trois onces de nitre, & l’ebullition eftant ceffée, jettez le tout dans le cornet chaud & huilé , & procedez comme auparavant , & vous trouverez le regule bien plus pur que la premiere fois. Refondez encore une fois ce mefme regule, & jettez-y encore un peu de falpétre , & l’ebulition eftant paffée, jettez-le dans le cornet, y procedant comme deffus , alors les fcories feront grifaftres. Reïterez la fufion pour la quatriéme fois, y adjouftant encore du falpétre, & vous verrez que ledit falpétre ne trouvant aucune impureté dans le regule, les fcories qui furnagent en feront blanches ou jaunaftres, & outre cela le regule aura fur la fuperficie la figure d’une eftoille, qui eft le veritable figne de fa perfection.

On fe fert de l’un & de l’autre regule pour en faire des golebets &

des bales ou pilules, que l'on appelle
perperuelles, à caufe que leur vertu
ne s'épuife jamais? car on peut mettre continuellement du vin dans un
gobelet de regule, & le changer tous
les jours, il fera toûjours purgatif &
vomitif. Comme auffi on peut faire
avaller une petite bale de regule contre la colique, & le mifereré, & lors
qu'elle eft paffée avec les excrements,
la relaver, & s'en fervir encore mille
fois, elle ne perdra jamais fa qualité,
& operera toûjours par fa vertu irra-
diative, fans rien perdre de fa fubftance, ny de fon poids.

Preparation des fleurs d'Antimoine.

AYez un aludel, ou autre pôt de
terre propre à refifter au feu,
placez le dans le fourneau à vent, &
adaptez par deffus quatre ou cinq
pots de mefme terre, proportionnez
audit aludel, lefdits pots percez &
ouverts deffus & deffous, à la referve du plus haut, lequel doit fervir de
chapiteau ; lutez-en bien les jointu-
tures, & faites que le pot placé fur

l'aludel aye à costé un trou, avec son bouchon approprié de la mesme terre, lequel se puisse oster & remettre aisément : donnez le feu peu à peu, & l'augmentez jusques à ce que l'aludel rougisse de tous costez ; & alors vous jetterez par le trou environ deux ou trois dragmes de bon Antimoine en poudre, & boucherez en mesme temps le trou, lequel ouvrirez environ demy quart d'heure apres, pour remettre dans l'aludel pareille quantité de poudre d'Antimoine, & continuerez cette operation de la sorte, en remettant de nouvelle poudre d'Antimoine, & rebouchant le trou, jusques à ce que vous en ayez assez. Il faut cependant entretenir le feu, en sorte que l'aludel demeure toûjours rouge ; & lors que vous aurez assez employé d'Antimoine, laissez refroidir vos vaisseaux, & les delutez, & ramassez les fleurs montées & attachées dans les vaisseaux superieurs, lesquelles peuvent estre de diverses couleurs, selon qu'on a donné le feu plus ou moins violent. Vous trouverez dans l'aludel

une

une partie de l'Antimoine, quoy que quelques-uns ont voulu avancer que tout l'Antimoine s'élevoit en fleurs, dont l'experience fait voir aisément le contraire : sa sublimation totale ne se pouvant faire que dans des vaisseaux ouverts , & non dans des vaisseaux clos.

Autre preparations de fleurs d'Antimoine, avec addition de salpetre.

METTEZ en poudre subtile une livre d'Antimoine , & trois livres de salpetre affiné , & les mélez ensemble , puis ayez un aludel ou pot de terre propre à la sublimation, lequel aye un trou au milieu de sa hauteur , & un bouchon de bonne terre, avec lequel on le puisse fermer & ouvrir ; placez l'aludel dans un petit fourneau à feu nud , adaptez un chapiteau de verre sur ledit aludel, & un recipient au chapiteau ; lutez bien toutes les jointures , & donnez le feu peu à peu , jusques à ce que l'aludel commence à rougir au fonds. Alors ouvrez le trou , & jettez dans

Q

l'aludel environ demie once du mélange d'Antimoine & de salpêtre, fer-
mez promptement le trou avec son
bouchon , & les esprits du salpêtre
s'éleveront avec grande impetuosité,
& emporteront avec eux en haut
quelque portion de l'Antimoine, laquelle s'attachera à l'alambic en forme de fleurs ; le bruit estant cessé,
continuez à jetter dans l'aludel de
nouvelle poudre en fermant le trou
en mesme temps , & laissant passer la
détonation , & ainsi continuez de
temps en temps à remettre de nouvelle poudre dans l'aludel jusques à
ce qu'elle soit toute employée. Cessez
alors le feu, & laissez refroidir les
vaisseaux , puis les délutez , vous
trouverez dans le recipient un esprit
de nitre empreint du soulphre d'Antimoine , & dans le chapiteau ou
alambic les fleurs blanches de l'Antimoine ; mais dans le pot vous trouverez une masse blanche & fixe, com-
posée des parties les plus pesantes de
l'Antimoine & du sel alkali , qui est
dans le nitre , laquelle il faut édulcorer par plusieurs ablutions , pour

luy ofter toute l'impreſſion du ſalpétre. Séchez enſuitte la poudre, &
vous aurez un Antimoine diaphoretique, ou ceruſe d'Antimoine bien preparée ; elle ſe fait auſſi du regule
d'Antimoine, comme nous enſeignerons cy-apres,

Les fleurs leſquelles ſe trouveront
dans l'alambic, doivent eſtre édulco-
rées avec de l'eau , pour leur oſter
l'acidité des eſprits du ſalpétre, puis
les faut ſécher & garder. Elles ſont
fort vomitives, & l'on s'en ſert dans
les maladies inveterées, & principalement contre la melancolie, contre les
fiévres intermitantes , & contre toutes ſortes d'obſtructions.

Leur doſe eſt depuis trois juſques à
ſix grains dans quelque conſerve en
bolus. On ſe peut ſervir plus ſeure-
ment de ces fleurs ainſi preparées,
que de celles qui ſont faites ſans addition de nitre , lequel les digere &
corrige en quelque façon. L'eſprit
acide eſt excellent contre la colique
& les obſtructions ; il provoque auſſi
les urines. Sa doſe eſt depuis dix juſques à trente gouttes dans quelque

liqueur convenable.

La ceruſe d'Antimoine chaſſe par
la tranſpiration inſenſible tout ce
qu'il y a de venin & de ſuperflu dans
le corps. On s'en ſert avec heureux
ſuccez pour conſumer les ſeroſitez,
contre les veroles, gales & ſemblables. Sa doſe eſt depuis dix juſques
à trente grains dans du boüillon, ou
quelque liqueur convenable.

*Autre preparation de fleurs d'An-
timoine.*

Ettez une livre de regule d'Antimoine dans un aludel, &
adaprez des pots deſſus comme nous
avons enſeigné, placez les vaiſſeaux
dans un fourneau, & donnez un feu
gradué au commencement, mais tout
auſſi-toſt que l'aludel ſera bien
échauffé, donnez le feu tres-violent
& le continuez l'eſpace de vingt-quatre heures ou juſques à ce que tout
le regule ſoit monté en fleur tres-
blanche & legere, laquelle on amaſ-
ſera avec un pied de Liévre pour
l'uſage.

Les vertus de ces fleurs ne font pas differentes aux autres, & peuvent fervir en toutes les maladies qui ont befoin d'une puiffante evacuation.

Antimoine Diaphoretique.

NOus avons déja donné le moyen de faire l'Antimoine Diaphoretique, ou la cerufe d'Antimoine, en traitant des fleurs d'Antimoine avec addition de falpétre; mais l'operation en eftant un peu embaraffante, nous l'enfeignerons d'vne maniere facile. Prenez une livre de bon Antimoine, & trois livres de falpétre fin, mettez chacun à part en poudre, puis les mélez enfemble, ayez auffi un pot de terre non verny, proportionné à la quantité du mélange de l'Antimoine & du falpétre, faites le rougir au feu de charbon dans un fourneau à vent, & y introduifez environ une once du mélange fufdit, lequel fe calcinera à l'inftant avec impetuofité & bruit, & cette calcination s'appelle détonation. Le bruit ceffant il faut remettre une autre once de ladite matiere, &

continuer jusques à ce que le tout soit employé. Il restera au fond du pot une masse blanche comme neige, laquelle contient en soy le sel alkali du salpétre, & les parties les plus fixes de l'Antimoine : car l'esprit volatil nitreux se joint avec les parties sulphureuses volatiles de l'Antimoine, & ils s'exhalent ensemble. Le pot estant refroidy il le faut casser, & verser quantité d'eau nette & tiede sur la masse blanche ; pour en oster les parties salines, remuez souvent la liqueur, puis la laissez rassoir, & la versez par inclination : remettez de nouvelle eau tiede sur la matiere, la remuez, & la laissez rassoir, & reïterez cette lotion si souvent que la poudre blanche qui reste au fonds de l'eau soit entierement privée de l'acrimonie que le salpétre y avoit imprimée ; puis seichez la poudre en la versant dans du papier à filtrer, pour faire écouler l'humidité : & l'exposant apres à l'air, ou au Soleil, vous aurez une ceruse d'Antimoine bien preparée.

On prepare aussi l'Antimoine Diaphoretique , en prenant au lieu de l'Antimoine crud , fon regule bien purifié , & le mettant avec le triple de fon poids de bon falpétre , le calcinant & edulcorant , comme nous avons dit. Il fera bien plus blanc & plus pur que celuy que l'on fait de l'Antimoine crud. Mais il faut remarquer qu'il ne fe fait point de détonation avec le regule , à caufe que fon foulphre fuperficiel en eft feparé , lequel eft en partie la caufe du bruit, eftant pouffé par l'activité des efprits nitreux. Les vertus de ces deux preparations de l'Antimoine diaphoretique font femblables à celles que nous luy avons attribuées dans la preparation des fleurs d'Antimoine avec le falpétre. Il eft encore à remarquer que quand il a efté gardé plufieurs années , il retourne à fa premiere nature & perd les qualitez qu'il avoit acquifes par fa preparation. Ce qui fait que le malade eft fruftré de l'utilité du remede , & le medecin de la gloire qu'il en devroit attendre.

Saffran des metaux.

PRenez une livre de bon Antimoine, & autant de salpétre purifié:
pulverisez grossierement chacun à
part, & les mélez ensemble, puis
faites rougir un pot de terre entre
les charbons ardents, & y introdui-
sez deux ou trois onces du mélange,
couvrez le pot incontinent avec un
couvercle ou tuille. Il se fera un
grand bruit, qu'on appelle détonation, & la matiere jettera une grosse
fumée, laquelle il faut éviter. Continuez à mettre du mélange jusques
à ce qu'il soit employé ; alors augmentez le feu jusques à faire fondre
la matiere, laquelle estant fonduë il
faut tirer le pot hors du feu, le laisser refroidir, puis le casser : vous
trouverez au fonds une masse de couleur de foye d'Antimoine, & au dessus des scories blanches, lesquelles il
faut oster : ou on les peut garder &
s'en servir pour reduire les chaux
des metaux en corps. On peut mettre en poudre le foye d'Antimoine,

&

& on aura un Saffran des metaux
bien preparé , duquel on peut par
plufieurs lotions feparer quelques
corpufcules nitreux qui y reftent ;
mais plufieurs s'en fervent fans le laver ou edulcorer.

Si on le lave avec de l'eau chaude,
la premiere lotion emportera la plus
grande partie du fel nitreux , avec
quelque portion des parties les plus
legeres de l'Antimoine ; en forte que
fi on filtre la premiere lotion par le
papier gris, on aura une liqueur tres-
claire ; mais en y mettant quelque
acide il fe precipitera une poudre rougeaftre tres-fubtile , laquelle il faut
laiffer raffoir , edulcorer & fécher ;
elle a à peu prés les vertus , qu'on
peut attribuer aux fleurs d'Antimoine.

Extrait d'Antimoine.

PRenez quatre onces de *crocus metallorum* preparé comme deffus,
& huit livres de mouft , mettez les
enfemble dans une bouteille de verre, & procedez de mefme que nous

avons enseigné en la preparation de
l'extrait de Mars fait avec le moust
ou suc de raisins, & vous aurez un
extrait vomitif, duquel vous augmenterez ou diminuerez la dose, selon qu'il aura esté plus ou moins
évaporé : sa dose ordinaire est depuis
six jusques à vingt-quatre grains.

Beurre ou huile glaciale d'Antimoine, & son cinabre.

PVlverisez & mélez une livre de
sublimé corrosif, & autant d'Antimoine, & les mélez ensemble dans
une cornuë, laquelle vous placerez
au feu de sable, adaptant un recipient de verre à ladite cornuë : donnez le feu lentement, & lors que
vous verrez sortir une liqueur gommeuse, continuez un feu moderé jusques à ce qu'il n'en sorte plus : augmentez le feu sur la fin, & lors qu'il
ne distillera plus rien, ostez le recipient, & augmentez encore le feu
jusques à faire rougir la cornuë,
pour faire monter le cinabre d'Antimoine, lequel se sublimera dans le

col de la cornuë, laquelle vous caſ-
ſerez lors qu'elle ſera refroidie, pour
amaſſer, & garderez le cinabre.

Notez que dans cette préparation
les eſprits acides du ſel & du vitriol,
leſquels tenoient le mercure en forme de ſel criſtalin, ou ſublimé corroſif, quittent le mercure pour s'attacher à la partie reguline de l'Antimoine, laquelle ils entraînent avec
eux par la cornuë en forme d'une liqueur époiſſe; mais le mercure ſe
joint au ſoulphre de l'Antimoine, &
ſe ſublime avec luy en forme de cinabre. Le beurre d'Antimoine eſt un
bon cauſtique eſtant appliqué avec
un plumaceau; il mange & conſume
les chairs baveuſes, & mondifie les
chancres & ulceres. Il doit encore
eſtre rectifié une fois dans une autre
cornuë pour le ſeparer des impuretez
qui s'y joignent. Meſmement il eſt
plus propre apres, pour en faire le
mercure de vie, ou la poudre d'Algarot.

Le Cinabre d'Antimoine eſt un remede ſpecifique contre l'épilepſie,
on le meſle avec le Magiſtere de
R ij

Coral & de perles ; fa dofe eft depuis
huit jufques à quinze grains. Si on
met ledit Cinabre avec partie égale
de fel de Tartre dans une cornuë,
on en fera fortir du Mercure coulant
par un feu gradué , & le foulphre
d'Antimoine s'arrefte avec le fel de
Tartre , qu'on peut apres diffoudre
avec de l'eau, filtrez , & precipitez
le foulphre de l'Antimoine avec du
vinaigre diftillé , ou avec quelque
autre aide , puis le lavez pour l'édulcorer ; & l'on aura le veritable foulphre de l'Antimoine, duquel on peut
tirer le baume de foulphre avec
l'huile diftillée d'anis , de la façon
que nous enfeignerons au Chapitre
du foulphre ; & ce baume fera beaucoup meilleur que celuy qui fe tire
du foulphre commun.

Autre beurre ou huile glaciale d'Antimoine.

PRenez quatre onces de Regule
d'Antimoine bien purifié , & une
livre de Mercure fublimé corrofif,
mettez chacun à part en poudre, puis

les mélez & les mettez dans une
cornuë de verre, placez-là au feu de
fable, & donnez petit feu au commencement. Adaptez & lutez legerement un petit recipient à la cornuë,
il en fortira une liqueur gommeufe
laquelle fe congele facilement & bouche le col de la cornuë, laquelle
eftant bouchée à l'extremité & le feu
agiffant toûjours fur la matiere qu'elle contient eft fujette à caffer faute
d'air; pour éviter cét accident il faut
tenir un charbon allumé au col de
ladite cornuë, qui reçoit incontinent
la chaleur du charbon, laquelle fait
fondre le beurre congelé, & le fait
tomber goutte à goutte dans le recipient. Lors qu'il ne fortira plus de
cette liqueur, il faut ofter le recipient & en remettre un autre à demy remply d'eau, puis augmenter le
feu jufques à faire rougir le fable, il
fortira goutte à goutte environ treize
onces de Mercure coulant, qui eftoit
auparavant dans le fublimé corrofif,
lequel s'eftant changé par l'addition
du Regule d'Antimoine & par la
privation des efprits corrofifs qui ont

R iij

quitté le Mercure, pour s'attacher au Regule, reprend sa premiere forme, & s'il avoit esté mélé avec l'Antimoine commun, qui est fort sulphureux, il se seroit converty par la vertu dudit soulphre en cinabre, comme nous avons remarqué dans la preparation du beurre d'Antimoine avec l'Antimoine commun.

Ce Beurre a les mesmes vertus comme le precedent, & ne differe en rien de l'autre, sinon que la poudre emetique ou d'algarot en est plus blanche.

Poudre Emètique ou d'Algarot.

PRenez environ la moitié de vostre huile glaciale d'Antimoine, & qui aye esté depurée par la rectification, mettez-là dans une terrine, dans laquelle il y aye une pinte d'eau tiede, vous la verrez aussi-tost precipiter en poudre blanche comme neige ; l'eau, ayant affoibly les esprits corrosifs, lesquels tenoient la partie reguline de l'Antimoine en dissolution, les ayant aussi contraint d'abandonner ce corps.

La precipitation eſtant achevée, il faut remuer le tout encore une fois, puis laiſſer raſſoir la poudre, & verſer par inclination dans une bouteille l'eau qui ſurnagera, & la garder à part ; car cette premiere lotion contient en ſoy tous les eſprits ſalins qui eſtoient joints à l'Antimoine. Elle a une acidité tres-agreable, c'eſt pourquoy on l'appelle eſprit de vitriol philoſophique. Continuez à laver & edulcorer la poudre, puis la ſéchez & gardez.

La doſe de cette poudre eſt de deux juſques à ſix grains : On s'en ſert pour nettoyer les viſcoſitez & immondices de l'eſtomac : elle purge par haut & par bas. On s'en ſert auſſi pour purger les hydropiques, la mélant parmy d'autres purgatifs, leſquels divertiſſent ſa force vomitive, & luy font faire tout ſon effet par le bas.

On ſe ſert de la premiere lotion dans les juleps, & dans les breuvages des febricitans, leſquels elle rend aigrelets & fort agreables.

Il eſt à obſerver que tous les me-

dicamens vomitifs , principalement
ceux qui participent de l'Antimoine
doivent eftre pris avec grande precaution ; & le jour qu'on aura pris
de ces vomitifs , je confeille de fe tenir dedans le lit ou aupres d'un feu,
& la poiĉtrine bien gardée. Ces medicamens pris avec precaution & or-
donnance de Medecins font de tres-
grand ufage. Il faut aider au vomiffement, ou avec le doigt en le mettant dans le gofier , ou avec des
boüillons gras, ou de la bierre tiede.
Mais fur tout qu'on ne boive pas froid
ce jour là , car on ruïneroit fort l'eftomach , & par confequent les autres
parties qui en tirent leur nourriture , & que l'on ne laiffe pas dor-
mir le malade devant le vomiffement, qu'on le tienne toûjours dans
la veille & dans l'aĉtion , & qu'on
ne donne point lefdits remedes à des
perfonnes qui ont le col long , la
poiĉtrine eftroite & foible, les dents
me chantes, & la tefte peu forte.

Bezoar mineral.

PRenez l'autre moitié de l'huile glaciale d'Antimoine, pesez-la, & la mettez dans un matras assez ample : versez par dessus goutte à goutte autant pesant de bon esprit de nitre. Evitez les vapeurs tres-nuisibles qui en sortiront, & lors que vous aurez versé tout l'esprit, & que la dissolution sera faite, il la faut verser dans un petit alambic, & la distiller a feu de sable jusques à siccité. Versez encore pareille quantité d'esprit de nitre sur ce qui restera dans le corps de l'alambic; l'esprit de nitre ne fera plus d'action, faites-le neantmoins evaporer par distillation jusques à siccité de la matiere. Remettez pour la troisiéme fois de nouveau esprit de nitre, & le faites évaporer comme auparavant. Ce qui se trouvera au fonds de la cucurbite sera blanc, sec, & friable. Reduisez-le en poudre subtile, & le gardez soigneusement. Cette poudre agit contre les venins, lesquels elle pousse hors du centre par les fueurs. On s'en fert auffi dans toutes les maladies caufées par les ferofitez. Sa dofe eft depuis cinq jufques à vingt grains dans des boüillons, ou autres liqueurs convenables.

Il faut remarquer que toutes ces poudres ne font que des atomes du regule d'Antimoine déguifées, & agiffent diverfement felon la nature des fels ou des efprits corrofifs avec lefquels ils font envelopez : & on les peut facilement reduire en regule par le moyen de quelque fel reductif, qui reprend à foy leur enveloppe; de forte qu'ils retournent en regule, lequel on peut derechef preparer diverfement comme devant.

Verre d'Antimoine.

PRenez telle quantité qu'il vous plaira d'Antimoine en poudre, calcinez-le à feu lent dans une terrine plate non vernie, & propre à refifter au feu, faites la calcination fous une cheminée, en un lieu aëré, & évitez les exhalaifons fulphureufes de

l'Antimoine, tres-nuisibles sur tout
à la poitrine. Remuez continuellement la poudre d'Antimoine durant
sa calcination, pour empescher qu'elle ne se grumelle ; & si cela arrive,
pulverisez-la de nouveau dans un
mortier , & la recalcinez, & continuez la calcination jusques à ce que
l'Antimoine ne fume plus , & soit
reduit en poudre de couleur de cendre, & privé de son soulphre super-
ficiel, lequel empescheroit la vitrification , ou rendroit le verre opa-
que. Mettez alors cette chaux au feu
de fusion dans un tres-bon creuset,
placé sur un petit rondeau de terre:
donnez le feu violent , & le tenez
en cét estat, en sorte que la matiere
soit en continuelle fusion , & jusques
à ce qu'elle devienne bien diaphane ;
ce que vous connoistrez en introdui-
sant dans la matiere le bout d'une
petite verge de fer, à laquelle s'attachera quelque peu de la matiere, que
vous pouvez separer en frappant dessus avec un petit marteau , & lors
que la matiere sera bien transparen-
te, vous la verserez dans une bassine

plate de cuivre, & vous aurez un
fort beau verre d'Antimoine de couleur jaune, tirant fur le rouge, preparé fans addition d'aucune chofe.

Il y en a qui fe fervent de ce verre d'Antimoine en fubftance mis en
poudre, & mélé dans quelque conferve, tablette, ou autre chofe folide. C'eft un puiffant vomitif : fa
dofe eft depuis trois jufques à fix
grains. On en peut auffi faire du vin
emetique par infufion, de mefme
que du *crocus metallorum.*

Correction du verre d'Antimoine.

PVlverifez fubtilement deux onces
de verre d'Antimoine, preparé
comme nous venons de dire, & trois
onces & demie de nitre bien affiné,
& les mélez enfemble, puis ayez un
pot de terre non verny, & propre à
refifter au feu, & le mettez dans un
fourneau entre les charbons ardents,
& le faites rougir, & eftant rougi
mettez-y dedans une pleine cueillere
de la poudre, laquelle vous ferez
rougir, & eftant rougie, en remet-

trez une autre cueillerée ; & ainſi
continuerez peu à peu, cueillerée à
cueillerée, tant que toute la poudre
ſoit employée & rougie au feu. Tirez enſuitte le pot du feu, & eſtant
refroidy, pulveriſez ſubtilement la
matiere, & l'edulcorez avec deux
pintes d'eau tiedelete, laquelle vous
verſerez ſur la poudre en la remuant
promptement, & verſant l'eau trou-
ble dans un autre vaiſſeau, & laiſſant
dans le fonds du premier vaiſſeau la
poudre la plus groſſiere ; verſez par
inclination l'eau dés que la poudre
ſera raſſiſe, & faites ſécher la poudre, laquelle ſera impalpable, & la
gardez pour l'uſage, comme un tres-
bon & tres-commode vomitif pour
toutes ſortes d'aages. La doſe eſt depuis trois grains juſques à vingt en
infuſion dans du vin blanc, ou dans
quelque autre liqueur. On peut auſſi
en faire un ſyrop, en faiſant infuſer
au bain Marie deux onces de cette
poudre dans trois pintes de ſuc de
pommes, ou de coings bien dépuré,
ou de bon vin blanc, l'eſpace de
vingt-quatre heures, filtrant apres

l'infusion par le papier gris, & la faisant cuire à fort petit feu, avec trois livres de sucre fin, dans un vaisseau d'argent ou de terre bien verni jusques à consistence de syrop ; duquel la dose sera depuis deux dragmes jusques à six, détrempé avec deux ou trois onces d'eau de fontaine. C'est un fort bon emetique, lequel fait souvent faire ensuitte deux ou trois selles bien doucement.

Tartre soluble Emetique.

PRenez quatre onces de belle crême de Tartre, mettez-le en poudre subtile, & versez dessus dans une cucurbite couverte de son chapiteau, tant d'esprit de sel Armoniac, qu'il surnage de deux doigts, & laissez le tout tremper l'espace de vingt-quatre heures à la cave. Apres vous mettrez cette matiere dans un petit pot de grais, lequel vous placerez au fourneau de sable ; & y mettrez une once de verre d'Antimoine mis en poudre bien subtile, & alors verserez de l'eau une suffisante quantité:

vous ferez boüillir le tout l'espace de
six à huit heures en remplissant le
pot de temps en temps ; apres vous
filtrerez & evaporerez sur le sable
chaud jusques à pellicule, le laissant
ensuitte refroidir à la cave, afin qu'il
se puisse mieux cristaliser. C'est un
remede tres-recommandable. La dose
pour les personnes aagées est depuis
dix jusques à quinze grains , & aux
jeunes depuis un grain jusques à six.

CHAPITRE IX.

Du Cinabre Mineral.

IL y a deux sortes de cinabre en
usage, dont l'un est artificiel, &
se fait du soulphre commun, & du
vif argent , comme nous avons enseigné au Chapitre du Mercure : l'autre est naturel, & composé par la
nature de beaucoup de Mercure , de
quelque portion de soulphre pur &
de terre : & ces trois sont unis d'une
façon qu'ils font un corps compacte

d'une tres-belle couleur rouge, laquelle est plus ou moins haute, suivant la pureté du Mineral, & suivant le lieu où on le trouve. On nous en apporte de divers endroits, comme de Transsilvanie, d'Hongrie, & de plusieurs lieux d'Allemagne, mais le plus beau se trouve en Carinthie, lequel doit estre preferé à tout autre pour les preparations qu'on en fait, ou bien pour s'en servir en substance ; car c'est un excellent remede pour les maladies qui proviennent d'une abondance de serosité acre, laquelle il corrige, & la fait transpirer par les pores. On s'en sert aussi mélé avec quelques autres specifiques contre la gonorrhée inveterée : sa dose est depuis dix jusqu'à vingt-cinq ou trente grains.

Vivification du Mercure de Cinabre natif & separation de son soulphre en mesme temps.

PRenez une livre de bon Cinabre naturel, mettez-le en poudre subtile, & le meslez avec une livre

de bon fel de tartre , mettez ce mélange dans une cornuë de terre bien
forte & bien lutée, & la placez dans
un fourneau à feu nud, adaptez à la
cornuë un recipient dans lequel il y
ait de l'eau froide, & donnez le feu
lent au commencement , que vous
augmenterez peu à peu pour faire
rougir la cornuë doucement ; alors
vous verrez fortir goutte à goutte environ huit onces de Mercure coulant,
& quelquesfois jufques à onze onces., felon la bonté , & pureté du
cinabre. Laiffez refroidir les vaiffeaux , & rompez la cornuë, vous y
trouverez une maffe rougeaftre , laquelle il faut faire boüillir dans un
vaiffeau de verre, ou de bonne terre
avec quatre pintes d'eau jufques à la
confumption d'un tiers , puis filtrez
la liqueur qui fera rouge , & la ter-
reftreité groffiere & inutile demeurera fur le filtre. Inftillez dans cette
liqueur rouge & filtrée goutte à
goutte de bon vinaigre diftillé, ou
quelqu'autre acide ; le foulphre fe
precipitera en poudre tres-fubtile, laquelle il faut edulcorer par plufieurs

lotions avec de l'eau tiede, puis la
seicher, & l'on aura le veritable
soulphre de Cinabre naturel, duquel
on se peut servir comme d'un excellent remede dans les maladies du
poulmon, & de la poitrine : Sa dose est de six jusques à quinze grains
dans quelque conserve appropriée,
ou dans quelque autre vehicule.

Precipitation du Mercure de Cinabre naturel sans addition.

AYez un ou plusieurs matras de
demy-septiers de bon verre, &
à long col, lesquels vous luterez
bien d'un bon lut capable de resister
au feu ; mettez dans un chacun quatre onces de Mercure vivifié du Cinabre, & les placez dans un fourneau à sable : bouchez les orifices
des matras legerement ponr empescher qu'il n'y tombe quelque ordu-
re : donnez le feu du premier degré
pendant trois semaines, au bout desquelles augmentez le feu d'un autre
degré, & le continuez pendant trois
mois entiers, en augmentant le feu de

trois en trois femaines, en forte que
les trois dernieres femaines, le fable
rougiffe, le Mercure fe convertira en
une poudre tres-rouge, & luifante
comme un tres-beau Cinabre, duquel on fe fert avec un tres-bon fuc-
cés contre la verolle & fes accidents.
C'eft un tres-bon fudorifique en donnant deux ou trois grains dans quelque conferve en forme de pilulles;
& en augmentant la dofe jufques à
fix grains : Il fait non feulement fuer,
mais purge par tous les emunctoires,
& corrige la corruption des humeurs.
C'eft un remede tres-excellent, qui
peut donner en plufieurs rencontres
de la fatisfaction aux malades, &
aux Medecins.

CHAPITRE X.

Du Bifmuth, ou Eftain de Glace.

LE Bifmuth, eft une efpece de
Marcafite, & eft un Mineral fulphureux & terreftre, lequel fe trou-

ve ordinairement dedans , ou pres
les mines d'Estain. On ne s'en sert
guere que pour l'exterieur , & ses
principales preparations sont le magistere & les fleurs.

Le zinck est fort approchant de la
nature du Bismuth , mais contient
un soulphre plus pur. Il peut estre
preparé de mesme façon , & mesme
ses preparations ont presque les qualitez & vertus de celles du Bismuth.

Magistere du Bismuth.

PVlverisez deux onces de Bismuth,
& les mettez dans un matras, &
versez par dessus six onces de bon esprit de Nitre , placez le matras sur
le sable chaud , jusques à ce que le
Bismuth soit tout dissout, ce qui arrivera dans une demie heure ou environ , versez chaudement la dissolution dans une grande terrine , dans
laquelle il y aye huit ou dix livres
d'eau de fontaine , & vous verrez ce
meslange de la dissolution du Bismuth avec l'eau prendre une forme
de lait , & peu à peu s'éclaircir , &

le Bismuth abandonnant les esprits
de Nitre, qui le tenoient dissout, se
precipiter en poudre blanche au fonds
de la terrine. La poudre estant bien
rassise, versez l'eau par inclination,
& en remettez de nouvelle, & rei-
terez la lotion si souvent que la poudre se trouve bien edulcorée, laquelle vous seicherez à l'ombre & garderez pour vostre usage. C'est un fort
beau cosmetique ou remede qui peut
servir à l'embellissement du visage,
meslé dans les pommades, ou dans les
eaux de Nymphea, d'Argentine, &
autres ; on s'en sert aussi pour la
galle, & pour tous les vices du cuir.

Fleurs de Bismuth.

LE Bismuth aussi bien que le
Zinck se peut sublimer avec addition de salpétre, ou sans aucune
addition, de mesme que l'Antimoine,
& y renvoyons le Lecteur, pour
n'user de vaines redites. Les fleurs de
Bismuth, & de Zinck font de grands
effets dans les emplastres pour adou-
cir l'acrimonie de l'humeur mordi-

cante des ulceres , & confumer leur
ferofité fuperfluë. Les fleurs preparées avec addition de falpétre , fe
peuvent convertir en liqueur à la cave par defaillance , comme le fel de
tartre.

CHAPITRE XI.

Du fel commun.

LE fel qu'on appelle commun,
eft celuy duquel on fe fert pour
faler les viandes ; il y en a de trois
fortes : le fel des fontaines , le fel
foffile ou gemme , & le fel marin.
Celuy des fontaines fe fait en évaporant l'humidité de l'eau falée dans
des grands baffins de plomb , au fonds
defquels le fel fe trouve fort blanc.
Le fel gemme vient naturellement tel
en plufieurs lieux , & entre autres
prés de Cracovie en Pologne , où il
y en a une mine tres-abondante , de
laquelle on tire des pieces en forme
de roche diaphane d'une grandeur

prodigieuſe; le Marin ſe fait au bord
de la Mer dans des aires durant l'Eſté, l'humidité de l'eau Marine eſtant
eſlevée par la chaleur du Soleil, le
ſel reſte ſec. On ſe peut ſervir égal-
lement de tous pour la Medecine;
car bien que leur forme ſoit differente, ſi on les diſſout, filtre, & cri-
ſtaliſe chacun ſeparement, on ne
trouvera aucune difference aux ci-
ſtaux, ny au gouſt, ny à la figure.
On a neantmoins accouſtumé de ſe
ſervir du ſel Marin comme du plus
commode, & plus commun en France, & on le purifie auparavant comme s'enſuit.

Purification du Sel.

DIſſoluez la quantité de ſel Marin que vous voudrez dans ſix
fois autant d'eau de pluye, & la mettez dans quelque vaiſſeau de cuivre,
d'eſtain, ou de terre verny, ſur petit
feu; filtrez la diſſolution par le papier gris, & faites en evaporer toute
l'humidité, & vous aurez un ſel tres-
blanc, & bien purifié.

Calcination du Sel commun.

METTEZ telle quantité de sel Marin qu'il vous plaira dans un pot de terre, qui resiste au feu, couvrez-le de son couvercle, & mettez du feu à l'entour, qui est ce que l'on appelle feu de rouë, & lors que le sel commencera à s'échauffer, il petillera & se reduira en poussiere : continuez le feu, lequel doit pourtant estre moderé, jusques à ce que le sel ne fasse plus de bruit; laissez ensuitte refroidir le pot, vous trouverez le sel calciné, & privé de toute humidité superfluë. Le sel ainsi calciné est appellé sel decrepité. Les Chymistes s'en servent pour regaliser les eaux fortes, comme nous montrerons au Chapitre suivant du Nitre.

Esprit de Sel.

LES Artistes ont essayé divers moyens pour tirer l'esprit de Sel avec facilité : les uns ont voulu distiller le sel calciné ou decrepité tout seul, feul, & fans addition par la violence du feu, mais outre que les fels eftans en fufion percent & rompent tous les vaiffeaux, ils retiennent opiniaftrément les efprits : d'autres veulent reduire les fels en efprit, & puis apres en criftaux doux, par le moyen d'une cornuë de terre qui a un trou au deſſus, par lequel ils mettent quelques gouttes d'eau fur le fel, lequel doit eftre en fufion dans ladite cornuë par l'action d'un feu tres-fort, & puis ils bouchent le trou jufques à ce que la vapeur de l'eau qu'ils mettent par ledit trou foit paſſée dans le recipient, & continuent ainfi jufques à ce que (felon leur dite) tout le fel foit converty en efprit. Mais comme nous avons déja monftré que les vaiffeaux contenans des fels fondus dans un feu tres-violent, ne peuvent refifter long temps, veu mefme auffi que les fels retiennent leurs efprits tandis qu'ils font en fufion, je ne penfe pas qu'aucun s'amufe à telles preparations. Le veritable moyen pour tirer cét efprit avec facilité, eſt de méler le fel avec

T

quelque corps qui puiffe empefcher fa fufion, mais il faut qu'il foit un corps qui ne puiffe rien communiquer du fien, comme font l'argile ou le bole. Prenez donc deux livres de fel commun qui ne foit decrepité, parce que dans cette calcination il perd une partie des efprits volatils, & particulierement eftant decrepité à feu doux fans fufion : féchez le fel dans une baffine à feu lent, pour le pouvoir mettre en poudre fubtile, & le mélez avec huit livres de bol ou argile pulverifé de mefme; mettez ce mélange dans une cornuë de grais, de laquelle le tiers demeure vuide, & la placez au feu de reverbere clos; adaptez à la cornuë un grand balon ou recipient de verre, lutez-en bien les jointures, & donnez bien petit feu les premieres fix heures, pendant lefquelles le phlegme fortira, puis l'augmentez un peu durant fix autres heures, & les efprits volatils commenceront à fortir & paroiftre dans le recipient comme des nuées blanches : continuez d'augmenter le feu de fix heures en fix

heures jufques à la derniere violence. Toute l'operation fera parachevée
dans vingt-quatre heures. Laiffez
apres refroidir les vaiffeaux , & les
délutez, & mettez & gardez l'efprit
dans une phiole forte. Son odeur eft
affez fuave , & fa faveur d'un acide
fort agreable , & fa couleur jaune
comme de l'or.

On peut rectifier cét efprit par l'a-
lambic dans le bain Marie , & en tirer environ les trois quarts par la diftillation, qui feront le phlegme , &
une partie des efprits mélez confufément enfemble , & laiffez un quart
au fonds de la cucurbite , qui fera
l'efprit le plus corrofif, lequel on appelle improprement huile , & les gardez chacun á part. Mais notez qu'il
faut mettre l'efprit corrofif dans une
phiole tres-forte , & de bon verre,
car autrement il la corroderoit.

L'efprit volatil eft un excellent remede contre la pierre & la gravelle;
il refout puiffamment le tartre & les
vifcofitez du corps ; il ouvre les obftructions du foye & de la ratte ; il
donne grand fecours aux hydropi-

ques, leur efteignant la foif ; il guerit la jauniffe, & empefche la gangrene ; & mélé avec de l'huile de favon il appaife la douleur des gouttes, & diffipe les nodofitez.

La dofe de cét efprit eft depuis dix jufques à trente gouttes, ou pour mieux dire, on en met dans les liqueurs convenables jufques à une agreable acidité. L'efprit corrofif peut eftre employé pour la diffolution des metaux.

CHAPITRE XII.

Du Nitre ou Salpêtre.

LE Nitre ou Salpêtre eft un fel en partie fulphureux & volatil, & en partie terreftre : il eft d'un gouft falin & amer. On le tire de la terre, des démolitions des baftimens des voûtes des caves ; mais particulierement des eftables, à caufe de la grande quantité de fel volatil de l'urine & des excremens des animaux, le-

quel se joint au sel de la terre par
l'action continuelle de l'air. Les Autheurs l'appellent quelquefois Cerbe-
re, sel infernal, dragon, serpent,&c.
Mais nous ne nous arrestons pas à
ces noms. Le choix du salpêtre est
tel : il faut qu'il soit blanc, cristalin, en aiguilles hexagones longues :
son goust doit estre acide tirant sur
l'acerbe, & lors qu'on en met un
peu sur les charbons ardents, s'il exhale en l'air sans rien laisser, c'est
un signe évident de sa bonté & pureté ; mais s'il laisse de la residence
sur le charbon, c'est une marque
qu'il contient trop d'impureté ; ce
qui est cause qu'il doit estre purifié
avant qu'estre employé aux operations.

Purification du Nitre.

METtez telle quantité de Nitre
qu'il vous plaira dans une bassine de cuivre, & versez dessus trois
ou quatre fois autant d'eau de pluye:
faites les boüillir sur un petit feu
jusques à ce que le nitre soit dissout,

puis coulez le tout au travers d'une chauffe de drap dans une terrine, laquelle vous exposerez en lieu froid l'espace de vingt-quatre heures, au bout desquelles vous trouverez le nitre reduit en beaux cristaux transparans. Versez l'eau qui surnage dans une bassine, & la faites encore évaporer d'un tiers, puis la mettez à cristaliser, comme devant, & continuez ainsi jusques à ce que tout le salpétre soit converty en cristaux; mais les premiers cristaux contiennent en eux le plus pur du salpétre: c'est pourquoy il les faut sécher & garder à part, pour s'en servir aux preparations des remedes pour la bouche. Les autres cristaux peuvent servir à faire de l'eau forte, ou autres choses de moindre consequence.

Cristal mineral ou sel prunel.

FAites fondre une livre de salpétre bien purifié dans un bon creuset, capable de resister au feu, & à la penetration des sels, & dés qu'il sera fondu & rendu bien coulant,

jettez-y peu à peu une once de fleurs
de soulphre, & lors qu'elles seront
exhalées, jettez le salpêtre dans une
bassine bien nette, & l'estendez comme une plaque, laquelle on peut
rompre & garder séchement dans
quelque vase bien bouché.

C'est un souverain remede contre
les fiévres putrides, malignes, que
l'on appelle prunelle, ou ardentes,
c'est pourquoy on appelle ce remede
lapis prunellæ : Sa dose est depuis
douze grains jusques à une dragme,
dans de la ptisane ordinaire, ou autre liqueur convenable.

Il y en a qui se servent du salpétre purifié sans le preparer avec le
soulphre, ce que je ne désapprouve
pas, parce que le soulphre emporte
avec soy une partie du sel volatil
sulphuré du salpêtre, & le prive
ainsi du plus pur qu'il contient en
soy.

Sel Antifebrile.

PRenez deux onces de salpêtre
purifié, & deux onces de fleurs

de foulphre, pulverifez-les, & les mettez dans une cornuë affez grande; verfez par deffus fix onces d'eau d'urine diftillée, & placez-la fur le fourneau de fable, en forte qu'il ne monte pas plus haut que la matiere, & que les deux tiers de la cornuë foient hors du fable à l'air; adaptez à la cornuë un grand recipient, & ne le lutez point, parce que les efprits fortent avec tant d'impetuofité de ces matieres, que s'il ne trouvoit de l'air il cafferoit les vaiffeaux. Commencez à diftiller à tres petit feu l'humidité, & lors qu'il n'en fortira plus, augmentez-le peu à peu fans le trop preffer; car dés que le falpétre & le foulphre commenceront à fe fondre, ils agiront l'un fur l'autre, & s'enflâmeront, & poufferont avec impetuofité leurs efprits en fumées rouges dans le recipient; lefquels eftant tous fortis, laiffez refroidir les vaiffeaux, & vous trouverez au fonds de la cornuë (laquelle fera caffée) un fel fixe d'un gouft tirant fur l'amer, lequel il faut mettre dans une petite cucurbite de verre, puis verfer

par deſſus l'eſprit contenu dans le recipient, pour le joindre à ſon propre
corps. Rejettez comme inutiles les
fleurs de ſoulphre ſublimées dans le
recipient dans l'action prompte de
ces deux matieres, & couvrez la cucurbite d'un vaiſſeau de rencontre,
& la mettez ſur le ſable chaud l'eſpace de trois ou quatre heures, pendant leſquelles le ſel fixe ſe diſſoudra dans ſon propre eſprit. Filtrez
alors la diſſolution, & la faites évaporer doucement juſques à ſiccité :
vous aurez un ſel blanc comme neige, d'un gouſt acide tres-agreable,
lequel il faut conſerver dans une
phiole bien bouchée. C'eſt un fort
excellent remede dans les fiévres con-
tinuës & intermittentes. Il reſiſte
puiſſamment à la pourriture, & ouvre toutes les obſtructions du corps.
On le donne dans les fiévres au commencement des accés ou des redou-
blemens, dans quelque liqueur convenable : ſa doſe eſt depuis huit juſques à trente grains.

Sel Polycrefte.

NOus inferons cette preparation dans ce Chapitre, le nitre en eftant la bafe. On la fait ainfi. Prenez une livre de falpétre purifié, & une livre de foulphre commun, mettez-les enfemble en poudre : puis ayez un pot de bonne terre capable de refifter au feu, & qui aye le fond plat : mettez-le dans un fourneau â vent & du charbon à l'entour, lequel vous ferez allumer peu à peu, afin de conferver le pot, & quand il fera rouge, mettez-y environ deux onces du mélange, & le remuez, incontinent la matiere s'enflâmera, & les parties volatiles du nitre s'exhaleront avec une partie du foulphre: lors que la flamme ceffera, vous y remettrez deux autres onces du mélange, en remuant continuellement, & continuez jufques à ce que tout foit employé ; puis vous le calcinerez en remuant encore fix heures, pendant lefquelles il faut que la matiere foit toûjours rouge fans fe fon-

dre : car la fusion retiendroit opinia-
strement l'odeur empireumatique du
soulphre, & le sel seroit de couleur
grisastre : mais si on le fait avec les
precautions susdites, on aura un sel
de couleur de rose sans odeur, &
d'un goust tirant sur l'amer. On s'en
peut servir sans autre façon ; ou bien
si on le desire plus pur & net, on le
dissoudra dans une bonne quantité
d'eau tiede, puis on le passera par
le filtre, & on le fera évaporer doucement dans quelque vaisseau de terre verny jusques à ce qu'il se forme
une crouste, puis on l'exposera à la
cave, ou en quelque autre lieu froid;
il se cristalisera au fonds & au parois
du vaisseau. La figure de ce sel est
quarrée, approchante de celle du sel
commun. On se sert de ce sel contre
les obstructions du foye, de la ratte,
du pancreas, & du mesentere ; il détache les matieres visqueuses, & purge benignement par en bas. Sa dose
est depuis deux dragmes jusques à
six. On le met à dissoudre le soir
avec de l'eau de fontaine, & on le
prend le lendemain au matin.

Il faut que les perſonnes qui ont les parties nerveuſes foibles & delicates, s'abſtiennent entierement de tous les remedes, dans la compoſition deſquels le nitre entre de quelque maniere qu'il ſoit preparé, comme eſt le Criſtal mineral, & le ſel Polycreſte, qui ne doivent entrer dans les medecines & autres compoſitions, que pour aiguiſer & faire penetrer les autres remedes, ou pour temperer leur chaleur, & en ce rencontre la doſe meſme doit eſtre moindre que des autres medicamens; comme pour exemple avec le poids de deux à trois écus de Sené, il ſuffira de mettre une demie dragme ou deux Scrupules de Criſtal mineral, ou le double de ſel Polycreſte.

Eſprit de Nitre,

PRenez deux livres de ſalpétre afiné en poudre, & huit livres de bol commun, ou argile ſeiché & en poudre, meſlez-les enſemble, & les mettez dans une grande cornuë de laquelle le tiers demeure vuide, placez-là au feu de reverbere clos, adaptant à ladite cornuë un grand recipient, ou balon, lutez exactement les jointures d'un bon lut, & donnez le feu doux au commencement, l'augmentant de six en six heures jusques à la derniere violence. Il en sortira premierement une eau phlegmatique, puis un esprit lequel paroist durant la distillation rouge comme du feu, laquelle rougeur provient du soulphre interne du salpétre, & est cause que quelques Autheurs ont nommé cét esprit le sang de Salamandre. La distillation s'acheve ordinairement dans vingt heures, laquelle estant finie, laissez refroidir les vaisseaux, puis délutez le recipient, ramollissant le lut avec des linges moüillez, & gardez l'esprit dans une phiole forte.

C'est un tres-bon remede contre la colique, & contre toutes les obstructions, contre les fiévres, & contre la peste. Sa dose est depuis six jusques à vingt gouttes dans quelque liqueur convenable.

Eau forte.

QVoy que l'eau forte se fait diversement, & par fois avec addition d'alun, de vitriol, de verdet, & autres choses, nous ne laissons pas d'inserer sa preparation dans le Chapitre du salpétre, puisque c'est luy qui luy donne sa principale vertu dissoluante : on la nomme forte, à cause de la force qu'elle à de dissoudre presque tous les metaux, & mineraux, & mesme l'or si elle est regalisée par l'addition du sel Armoniac, ou du sel commun. Or pour faire une bonne eau forte, prenez trois livres de salpétre & autant de vitriol, ou couperose verte, meslez & pulverisez-les grossierement, & les mettez dans une cornuë lutée au fourneau de reverbere clos, adaptez un grand recipient à la cornuë, & en lutez exactement les jointures : donnez le feu bien lentement durant huit heures pour faire sortir le phlegme ; puis augmentez le feu a'un degré, & vous verrez sortir des esprits

rougeaſtres : tenez le feu dans cét
eſtat pendant quatre ou cinq heures,
puis l'augmentez peu à peu juſques
à la derniere violence , en ouvrant
tout à fait le couvercle du dome, &
celuy du cendrier : continuez le feu
juſques à ce que le balon commen_
ce à perdre ſa chaleur , & n'attendez
pas qu'il s'éclairciſſe ; car quand vous
continueriez le feu pluſieurs jours,
les eſprits ſeroient continuellemert
en agitation par la chaleur ; mais dés
que le fourneau & les vaiſſeaux com_
mencent à perdre leur chaleur , les
eſprits ſe repoſent en bas , & le recipient devient clair. Cette operation
ſe paracheve pour l'ordinaire dans
vingt heures. Les vaiſſeaux eſtant refroidis , delutez le recipient & gardez l'eau dans une bouteille forte
bien bouchée avec de la cire.

On fait auſſi de l'eau forte avec de
l'alum de roche & du ſalpétre , &
quelquefois avec addition d'autres
matieres : mais comme leur preparation n'eſt pas differente, nous n'en
groſſirons pas inutilement ce Livre.

Ie veux ſeulement donner un avis

icy au Lecteur & aux Curieux , que l'eau forte faite avec l'alum de roche & salpétre est à preferer à celle où entre le Vitriol , pour la preparation du precipité blanc ou rouge , dont on se peut servir utilement pour les maladies du cuir. Ce qui doit s'observer dans les preparations des precipitez qui ont esté descrits cy-devant , selon la differente indication que l'on aura pour l'application desdits remedes.

Eau Règale.

ON a donné à cette eau le nom de regale , à cause qu'elle à la vertu de dissoudre l'or , Roy des metaux. Sa base est l'esprit de nitre, ou l'eau forte , laquelle se rend regale par l'addition du sel armoniac, ou du sel commun , en la maniere suivante. Prenez quatre onces de sel armoniac purifié , & pulverisé , mettez-le dans un grand matras , & versez par dessus une livre de bonne eau forte , & placez le matras sur le sable mediocrement chaud , afin que
l'eau

l'eau forte puisse tout doucement dissoudre le sel armoniac, ne bouchez pas le matras, pour le danger qu'il y auroit qu'il ne se cassat, & évitez les vapeurs qui s'éleveront dés que l'eau forte commencera d'agir sur le sel armoniac; car ce sont des esprits sauvages, lesquels ne peuvent estre plus condensez, & sont tres-nuisibles : dés que vous verrez le sel armoniac dissout, ostez le matras hors du sable, & estant refroidy, mettez l'eau dans une phiole, & la bouchez avec de la cire, & de la vessie.

Autre eau Regale.

METtez dans une cornuë demie livre de sel Marin, ou de sel gemme en poudre, & versez par dessus une liure de bon esprit de nitre, ou de bonne eau forte, puis distillez au feu de sable dans un recipient, jusques à ce que le sel demeure sec au fonds de la cornuë, & conservez l'eau dans une fiole bien bouchée.

Autre eau Regale.

PRenez une livre de fel Marin, ou de fel gemme , & une livre de bon falpétre , mettez-les en poudre fubtile , & les meflez avec huit livres de bol commun auffi en poudre, puis les diftillez par la cornuë à feu de reverbere , de la mefme façon que nous avons enfeigné la diftillation de l'efprit de nitre , & vous aurez une eau regale , laquelle diffoudra facilement l'or. Ces trois fortes d'eaux regales font également bonnes.

CHAPITRE XIII.

Du fel Armoniac.

LE fel Armoniac des anciens fe trouvoit en plufieurs endroits de l'Afie , & particulierement dans la Lybie , aux lieux où les Chameaux des caravanes fe repofoient , l'urine

defquels s'imbiboit dans le fable , &
le fel volatil que cette urine contenoit eftoit fublimé par les rayons du
Soleil jufques à la fuperficie dudit
fable , & ceux du pays l'amaffoient
pour le vendre aux autres Nations :
Mais le fel Armoniac des modernes,
eft compofé de fel Marin, de la fuye
de cheminée, & de l'urine des animaux ; Ces trois font fi artificieufe-
ment meflez & incorporez , qu'encore que le fel Marin foit affez fixe,
neantmoins eftant meflé avec les fels
tres-volatils d'urine & de fuye , il
s'en forme un compofé , lequel quoy
que moins volatil que lefdits fels,
ne peut pourtant refifter à la violence du feu ; car fi on le met dans un
creufet entre les charbons ardents,
il s'envole tout à fait. Mais ce compofé peut eftre facilement deftruit,
en feparant les fels volatils d'avec
le fel marin , par l'addition de quelque matiere qui le fixe & retient.
Quant à la maniere de le preparer,
je ne l'expoferay pas icy pour ne
point groffir inutilement ce livre, &
que ledit fel artificiel fe trouve tres-

communement & à grand marché chez tous les droguistes. Or d'autant que le sel Armoniac est ordinairement chargé d'impuretez , nous commencerons par sa purification.

Purification du sel Armoniac.

METtez en poudre une livre de sel Armoniac, & la faites dissoudre dans une cucurbite sur le sable chaud, dans trois livres d'eau de pluye, filtrez la dissolution par le papier gris, & la faites évaporer jusques à siccité, & vous aurez un sel bien pur , & blanc comme neige. Ce sel provoque les sueurs & les urines , & resiste à la pourriture; On s'en sert dans les fiévres quartes, & exterieurement contre la gangrene, & dans les collyres pour les yeux; sa dose est depuis huit jusques à vingt-quatre grains dans quelques boüillon ou autre liqueur convenable.

Sublimation du sel Armoniac en fleurs.

PUlverisez ensemble une livre de sel·Armoniac, & autant de sel commun decrepité, & les mettez dans une cucurbite couverte de son chapiteau, & la placez au fourneau de sable : donnez le feu lent au commencement, en l'augmentant peu à peu, jusques à ce que vous verrez monter le sel Armoniac en forme de farine dans le chapiteau ; alors continuez le feu au mesme degré l'espace de cinq ou six heures, puis laissez refroidir les vaisseaux, & amassez ce qui sera monté dans le chapiteau, & le mélez avec de nouveau sel, & le sublimez comme auparavant, & reïterez cela pour la troisiéme fois, & vous aurez des fleurs bien purifiées, & separées de tout ce qu'il y pouvoit avoir d'impur dans le sel Armoniac.

Ces fleurs estans plus pures que le sel armoniac simplement purifié par la solution, filtration & coagula-

tion, agiſſent avec plus de force, de
ſorte qne la doſe n'eſt que depuis
quatre juſques à douze & quinze
grains; leur uſage eſt pour les maladies croniques.

Ces fleurs ſe peuvent preparer encore avec la limaille d'acier, la mélant en égale portion avec le ſel Armoniac, & les fleurs qui s'en élevent
ont d'autant plus de force & de vertu, qu'elles ſont empreintes d'une
portion du Mars, qui aiguiſe & augmente leur vertu aperitive.

Diſtillation de l'Eſprit volatil vrineux du Sel Armoniac.

NOus avons fait voir au commencement de ce Chapitre,
que le ſel Armoniac eſt compoſé du
ſel de l'urine des animaux, & de celuy de la ſuye des cheminées, leſquels ſont des ſels fort ſubtils & volatils, & du ſel marin, qui eſt un
ſel acide, & plus fixe que les autres
deux : Ces trois ſels mélez enſemble
ne font qu'un, qui tient le milieu
entre la volatilité des uns, & la fi-

xité de l'autre. Et bien qu'il femble
que cette mixtion foit parfaite, &
que la jonction de ces fels de diverfes familles foit infeparable; neantmoins lors que l'on connoiftra bien
leurs qualitez & proprietez, on les
feparera fort facilement : Ce que
nous ferons comprendre par l'opera-
fuivante. Pulverifez & meflez enfemble une livre de fel armoniac, & une
livre de fel de tartre, faites en une
pafte avec quatre ou cinq onces
d'eau, & la mettez dans une cucurbite de verre, fur laquelle vous adapterez un alambic avec un recipient,
& en luterez exactement les jointures, & placerez la cucurbite au fourneau de fable ; commencez la diftillation par une chaleur moderée, &
l'augmentez peu à peu ; dés que la
matiere commencera à s'échauffer,
les fels agiront l'un dans l'autre, &
la partie du fel Marin qui fe trouvoit
dans le fel Armoniac, fe joindra
avec le fel de tartre, & ils demeureront au fonds de la cucurbite ; Et
les efprits volatils vrineux & fuligineux, fe deftacheront de leurs liens,

& monteront par l'alambic dans le recipient : Continuez le feu moderé jufques à ce que tous les efprits foyent fortis, puis augmentez-le peu à peu, pour faire monter les fleurs, lefquelles s'attacheront au chapiteau, & à la partie fuperieure de la cucurbite : Toute l'operation doit eftre faite dans huit ou dix heures ; laiffez apres refroidir les vaiffeaux, & les délutez, & vous trouverez l'efprit vrineux volatil dans le recipient, & les fleurs dans le chapiteau, & dans la partie fuperieure de la cucurbite, & la maffe fixe, contenant le fel acide Marin avec le fel de tartre, au fonds de la cucurbite : Il faut garder ces trois fubftances à part : L'efprit volatil eft un des plus excellens remedes qu'on puiffe inventer, car il ouvre generalement toutes les obftructions du corps, & agit puiffamment par les fueurs & vrines ; il eft fort propre pour les fiévres, fur tout puantes, pour les paralifies, epileptie, maladies hyfteriques ; & pour la pefte, refiftant à toutes corruptions : Il appaife auffi les douleurs

des

des gouttes eſtant appliqué exterieurement. Cét eſprit peut eſtre ſublimé
en ſel volatil, en le mettant dans un
matras à col long, avec ſon alambic proportionné, ayant le ventre
large & le plaçant au feu de ſable
bien moderé; car ce ſel ignée ſe deſ-
tache à la moindre chaleur de ſon
eau phlegmatique, laquelle l'avoit
tenu auparavant en forme liquide :
Mais il eſt plus à propos de le laiſſer en forme liquide que de le ſublimer en ſel, parce qu'eſtant en cette
forme, on a peine de le garder, à
cauſe de ſa penetrabilité; mais eſtant
en liqueur, le phlegme le retient &
empeſche ſon activeté, qui eſt cauſe
qu'on le peut donner depuis huit juſques à trente gouttes, au lieu que
la doſe du ſel n'eſt que depuis trois
juſques à huit ou neuf grains.

Les fleurs qui ſe trouvent dans l'a-
lambic, ne ſont autre choſe qu'une
partie du ſel Armoniac, lequel n'a
pas eſté intimement meſlé avec le ſel
de tartre : Elles ont le meſme uſage
que peut avoir un ſel Armoniac bien
purifié. Mais on peut tirer un eſprit

X

acide corrosif de la masse demeurée au fonds de la cucurbite comme s'en suit.

Distillation de l'Esprit acide du sel Armoniac.

PVlverisez subtilement la masse qui reste au fonds de la cucurbite dans la distillation precedente & la meslez avec quatre fois autant de bol en poudre, & mettez le tout dans une cornuë de terre ou de verre bien lutée, & le distillez au feu de reverbere clos, observant exactement en cette distillation toutes les circonstances descrites en la distillation du sel commun : Vous pouvez rectifier cét esprit dans un alambic au bain Marie, & il montera facilement.

Cét esprit est un des plus secrets dissoluants qui soit connu, car il dissout l'or, le cuivre, le fer, &c. Et les emporte & volatilise par l'alambic, par le moyen de la cohobation reïterée : Outre cela c'est l'acide le plus agreable, que la Chymie aye

inventé, en mettant quelques gouttes dans la boisson des febricitans,
car il tempere la chaleur interne,
par sa subtilité & petite pointe : Il
est aussi diuretique plus que les autres esprits corrosifs : Sa dose est depuis six jusques à trente gouttes, ou
jusqu'à une agreable acidité.

Fixation du sel Armoniac.

CEtte fixation se fait en meslant
le sel armoniac avec un corps
qui le puisse arrester & , empescher
son exhalation au feu violent : On
se sert pour cét effet des sels alkalis
des plantes , de la chaux de coque
d'œufs , & d'autres coquilles, de la
chaux vive , & de la chaux de plusieurs mineraux , & entr'autres du
zinck, de la calamine & de la pierre
sanguine ; Mais pourtant tous ces
corps ne sçauroient fixer totalement
tout le corps du sel Armoniac, n'en
pouvans retenir qu'une partie, à sçavoir le sel Marin , & laissans échapper la partie fuligineuse & vrineuse
qui s'envole en l'air. La façon la plus

ordinaire eſt de prendre parties égales de chaux vive & de ſel Armoniac, les pulveriſer enſemble, & les
mettre dans un bon creuſet entre les
charbons ardents ; D'abord on ſentira
les eſprits vrineux, qui ſe dévelop-
pent & s'en vont, mais la partie du
ſel commun , qui eſt entrée dans la
compoſition du ſel Armoniac, s'arre-
ſte avec la chaux vive , & ſe fond
avec elle , & coule dans le creuſet
comme de l'huile : Il faut jetter cette
matiere fonduë dans une baſſine , ou
mortier chauffé , & la laiſſer refroidir ; Vous aurez une maſſe tranſpa-
rante comme criſtal, laquelle on peut
reduire en petites parcelles , tandis
qu'elle eſt encore un peu chaude, &
la conſerver dans une fiole bien bouchée avec de la cire. C'eſt un fort
bon cauſtique , duquel on ſe peut
ſervir commodément pour les cau-
teres. Si on laiſſe ce ſel à l'air, il
ſe reſout en peu de jours en liqueur,
laquelle il faut filtrer , mais comme elle ſert pour la reſſuſcitation
des metaux en Mercure coulant,
comme quelques-uns croyent, nous
n'en parlerons pas davantage.

CHAPITRE XIV.

De l'Alum de Roche.

ON donne le nom d'Alum à diverses matieres ; Premierement il y a une espece de Talc , lequel on nomme en latin *alumen scissile,* ou *glacies mariæ* , à cause qu'on le peut coupper en feüilles transparantes comme verre ; Il y en a une autre espece , qu'on appelle Alum de pleume , ou *lapis amiantus* , mais comme on ne se sert gueres dans la Medecine de ces sortes d'Alums, nous ne traiterons icy que de l'Alum de Roche , qui est un sel Mineral, terrestre & acre , remply d'un esprit acide. On en trouve souvent de condensé dans les veines de la terre ; On en tire aussi des fontaines alumineuses qu'on fait évaporer. On en trouve encor dans des pierres mineralles , d'où on le tire par dissolution avec de l'eau , laquelle on fait apres évaporer. On s'en fert rarement pour l'ufage interne, mais bien fouvent dans des gargarifmes contre l'inflammation du gofier : Il guerit les chancres de la bouche, raffermit les gencives, & mange & confume les chairs baveufes & autres fuperfluitez des playes & ulceres. Mais il peut eftre auffi employé interieurement comme dans l'hydropifie & les difficultez d'uriner, depuis un fcrupule jufqu'a une demie dragme dans quelque vehicule convenable, eftant preparé comme s'enfuit.

Purification de l'Alum.

PUlverifez & diffoluez quatre livres d'Alum de Roche dans feize livres d'eau de pluye, filtrez la diffolution, & la faites évaporer & criftallifer au froid, de mefme que vous procedriez à un autre fel, & vous l'aurez par ce moyen pur, & propre à toutes preparations.

Diſtillation de l'Alum, & ſa calci-
nation en meſme temps.

METtez dans une grande cornuë
de grais, deux livres d'alum
de roche purifié; Faites en ſorte que
les trois quarts de la cornuë demeurent vuides, pour donner de l'eſpace aux ébullitions de l'alum ; Placez
la cornuë au fourneau de reverbere
clos, & adaptez luy un grand recipient : Faites ſortir le phlegme à petit feu, l'augmentant peu à peu,
juſqu'à ce que les eſprits commencent à ſortir blancs comme nuages ;
Ouvrez alors les regiſtres peu à peu,
& continuez à augmenter le feu juſqu'à la derniere violence, puis laiſſez refroidir les vaiſſeaux ; Vous
trouverez dans le recipient un eſprit
acide, mélé avec quantité de phlegme ; Et ayant caſſé la cornuë, vous
y trouverez l'alum calciné en maſſe
tres-blanche & legere. Il faut rectifier & ſeparer l'eſprit de ſon phlegme, mettant dans une cornuë de verre tout ce qui aura eſté trouvé dans

le recipient, & plaçant ladite cornuë au fourneau de fable, & faifant
diftiller à petit feu le phlegme, lequel fortira le premier, & dés que
les gouttes acides commenceront à
fortir, vous changerez de recipient,
& continuerez à pouffer le feu jufqu'à ce que tous les efprits foyent
montez, & qu'il ne refte dans la cornuë qu'une petite terreftrëité, laquelle les efprits avoient entrainée
avec eux dans la premiere diftillation.

Cet efprit eft bon, meflé dans la
boiffon des febricitans, pour les ra-
fraifchir; Il eft fort diuretique &
defopilatif, & eft fort propre pour
guerir les chancres de la bouche;
Mais comme il a un gouft ingrat, on
peut fe fervir à fa place en toutes
occafions de l'efprit de vitriol. Le
phlegme eft fort bon dans les collyres, pour les inflammations des yeux,
il eft auffi bon pour les eryfipeles,
& pour laver les playes & ulceres.
L'alum calciné eft employé pour l'exterieur, pour deffeicher & confumer
les chairs fuperfluës & baveufes qui

furcroiffent aux playes & vieux ulceres. On peut auffi le calciner dans
un creufet ou fur une pele : mais
nous avons enfeigné le moyen pour
profiter de toutes fes parties.

Notez que l'alum de roche auffi-
bien que le vitriol, n'ont befoin dans
leur diftillation, d'aucun meflange de
bol ou de terre graffe en poudre,
comme en ont befoin le fel commun, le fel gemme, le falpétre &
autres, pour empefcher leur fufion,
parce que les fels vitrioliques & alu-
mineux, contiennent en eux une
fuffifante quantité de terre minerale
de difficile fufion.

Sel Febrifuge de l'Alum.

PVlverifez demie livre d'Alum
calciné, & le mettez dans une
cucurbite de verre, & verfez par deffus deux livres de bon vinaigre diftillé, & les digerez au fable chaud,
jufques à ce que l'alum foit diffout,
filtrez la folution & en faites évaporer le tiers, & la faites criftalifer à
la cave, verfez par inclination l'eau

qui furnagera les cryſtaux, & la faites évaporer & cryſtalliſer, & ainſi continuez juſques à ce que vous ayez retiré tous les criſtaux, leſquels vous ſécherez, & meſlerez avec pareille quantité de noix. muſcates & de criſtal mineral, & en ferez une poudre ſubtile, de laquelle on dònne une dragme avec heureux ſuccez pour les fiévres intermitentes, & particulierement pour celles qui proviennent de corruption & d'abondance d'humeurs. On prend cette poudre dans du vin, où dans quelque autre liqueur appropriée, au commencement des accez.

CHAPITRE XV.

Du Vitriol.

LE Vitriol eſt un ſel mineral, approchant de la nature de l'Alum de roche, mais contenant en ſoy quelque ſubſtance metallique, & ſur tout de fer ou de cuivre. Il y en

a de plusieurs sortes , qui different
en couleur & en saveur à cause des
diverses substances, dont ils se trouvent chargez : Celuy qui est bleu,
compacte, & en grands cristaux, est
appellé vitriol de Cypre, quoy qu'il
en vienne aussi de la Hongrie : Il est
fort amer & acerbe , par ce qu'il
contient beaucoup de la substance du
cuivre , & bien qu'il soit le plus
cher de tous, il n'en vaut pas mieux;
& je ne conseillerois à personne de
s'en servir, que pour des collyres,
ou pour l'exterieur à cause des vo-
missements violents , qu'il excite.
Il y a une autre sorte de vitriol qui
est verdastre, & d'un goust douceas-
tre , & en petits cristaux ; on en
trouve en Suède, aux pays de Liege , & en divers lieux de l'Allemagne. Le meilleur est le plus compacte & le plus sec, lequel frotté contre le fer, ne le teint pas de couleur
du cuivre, couleur qui témoigne qu'il
est chargé dudit cuivre, & par consequent plus nuisible; au lieu que ne
le teignant pas , c'est une marque
qu'il participe davantage du fer, &

qu'il eft plus propre pour toutes preparations, quoy que plufieurs Autheurs ayent voulu dire le contraire. Il y a auffi du vitriol blanc provenant des fontaines vitrioliques, n'eftant gueres chargé d'aucune fubftance metallique, laquelle donne la couleur aux autres efpeces de vitriol. Tous les divers vitriols fe trouvent formez par la nature, dans les entrailles de la terre, mais ils font auffi faits par évaporation des fources qui les contiennent, comme auffi par diffolution, évaporation, & cryftalifation des marcafites, ou pierres vitrioliques : Mais comme le vitriol eft ordinairement chargé d'impuretez, il faut commencer par fa purification.

Purification du vitriol.

DIffoluez dans de l'eau de pluye la quantité de vitriol qu'il vous plaira, mettez la diffolution dans des cruches, ou dans des bouteilles, & la faites digerer dans le fien de cheval, ou au bain marie, durant

huit ou dix jours , pendant lesquels
beaucoup de terrestrëïté se separera,
& descendra au fonds , filtrez la liqueur , & en faites évaporer environ
la moitié ; faites cristalifer ce qui restera , & faites évaporer de nouveau
l'eau qui surnagera les cristaux , &
continuez à évaporer & cristalifer,
jusques à ce que tout soit converty
en cristaux.

Vitriol vomitif appellé Gilla.

DIssoluez dans de l'eau de pluye
ou dans de la rosée du mois de
May demie livre de vitriol b'anc , &
le reduisez en cristaux , comme nous
avons dit de la purification du vitriol, reïterant la dissolution, filtration , & cristalisation, jusques à qua-
tre-fois : vous aurez un vitriol bien
preparé , duquel on se sert dans les
fiévres tierces & autres qui procedent de la corruption des humeurs
dans la premiere region ; car il éva-
cuë benignement par le vomissement,
il tuë aussi les vers , & resiste à la
pourriture : sa dose est depuis vingt

grains, jufques à une demie dragme
dans un boüillon, ou des eaux cor-
diales, ou quelqu'autre liqueur; Il y
en à neantmoins qui vont jufques à
une dragme entiere, mais la dofe eft
un peu forte pour le climat de France.

Calcination du Vitriol.

CE que l'on appelle ordinairement calcination du vitriol,
n'eft qu'une exficcation & privation
de fon humidité fuperfluë, laquelle
fe fait, ou par l'action du feu ordinaire, ou par celle des rayons du Soleil : La premiere fe fait ainfi, mettez douze livres de vitriol dans un
pot de terre non verny, lequel placerez entre les charbons ardents ; le
vitriol fe reduira bien-toft en eau ;
faites le boüillir jufques à la con-
fomption de l'humidité, & jufques à
ce que le vitriol foit reduit en une
maffe compacte dure, & de couleur
blanche grifaftre. Si vous continuez
le feu plus long-temps, jufques à faire rougir le pot, la maffe deviendra
jaune, & à la fin rouge brune, qui

eſt ce que l'on appelle colchotar, duquel on ſe ſert pour arreſter le ſang : On s'en ſert auſſi dans les lethargies, mis dans le nez, pour éveiller puiſſamment les ſens aſſoupis, & pour faire eſternuer : C'eſt auſſi un grand deſſiccatif pour les playes & ulceres.

La ſeconde calcination ſe fait, en l'expoſant bien eſtendu aux rayons du Soleil, au mois de Iuillet, & le remuant ſouvent, afin qu'il puiſſe eſtre mieux penetré du Soleil, & eſtre reduit en poudre blanche comme neige, & fort legere, & meſme diminuée du tiers du poids du vitriol. Et c'eſt ce qu'on appelle poudre de Sympathie, de laquelle on pretend faire des cures admirables des playes, en appliquant ladite poudre ſur un linge trempé dans le ſang du bleſſé. Vous remarquerez pourtant que pour faire la poudre de Sympathie, il faut neceſſairement du vitriol romain.

Diſtillation du Vitriol.

PRenez huit livres de Vitriol deſſeiché au Soleil, lequel doit eſtre

preferé à tout autre, tant à caufe des
impreffions qu'il en peut recevoir,
qu'à caufe qu'il en eft plus ouvert
& fpongieux, & plus propre à rendre fes efprits ; ou au deffaut prenez
du vitriol deffeiché fur le feu, jufques
à la blancheur, & non davantage ;
Mettez le dans une cornuë de grais
lutée, & la placez au fourneau de reverbere clos, & luy adaptez un grand
recipient, en lutant exactement les
jointures, donnez un tres-petit feu
durant dix ou douze heures, pendant
lefquelles, tout le phlegme qui peut
eftre refté dans le vitriol fortira, ouvrez alors un peu le trou du dome,
& le cendrier, pour augmenter un
peu la chaleur, & faire paffer dans le
recipient les efprits volatils ; mais
gouvernez bien le feu, car ces premiers efprits, pour peu qu'ils foyent
trop pouffez, fortent avec impetuofité & rompent le recipient : Augmentez les feux au bout de douze autres heures, en ouvrant le trou du
dome, & le cendrier un peu plus
qu'auparavant ; & continuerez à
l'augmenter peu à peu, jufqu'à la
derniere

derniere violence , & le continuerez
ainſi durant trois ou quatre jours, &
vous verrez le recipient continuellement rempli de fumées blanches ;
mais lors que les gouttes rouges commenceront à paroiſtre , ceſſez la diſtillation & laiſſez refroidir les vaiſſeaux , car c'eſt ſigne que le vitriol
commence a eſtre privé de tout ce
qu'il contient d'eſprit , ces gouttes
rouges en eſtant la partie la plus cauſtique. Notez que ſi vous continuez
le feu durant douze jours & autant
de nuits, le recipient ſe trouvera continuellement remply de nuées blanches : Il faut auſſi remarquer que le
vitriol deſſeiché au Soleil rendra plu-
toſt ſes eſprits, à cauſe qu'il eſt plus
leger & ſpongieux , que celuy qui eſt
deſſeiché au feu, lequel eſt plus compacte & retient plus opiniaſtrement
ſes eſprits ; les vaiſſeaux eſtans refroidis , délutez le recipient , avec
des linges moüillez , & verſez tout
ce qu'il contient dans une cucurbite,
à laquelle vous adapterez promptement un alambic avec ſon recipient,
lutant exactement toutes les jointu-

res, de peur que l'esprit volatil ne
s'envole ; Placez la cucurbite au bain
Marie, & distillez à une tres-lente
chaleur l'esprit volatil sulphureux.&
doux, & changez de recipient dés
qu'il en sera monté trois ou quatre
onces, pour ne faire monter le phlegme. Logez cét esprit dans une bonne
fiole, laquelle vous boucherez exactement. Adaptez un autre recipient,
& augmentez le feu, jusqu'à faire
boüillir le bain ; le phlegme montera par ce moyen, & vous continuerez
le feu, jusqu'à ce qu'il ne monte plus
rien : Ainsi l'esprit acide restera dans
la cucurbite, lequel ne sçauroit jamais monter à la chaleur du bain
boüillant : Versez ce qui reste dans
une cornuë, & la placez au fourneau
de sable, adaptant un recipient, &
distillez environ la moitié de cét esprit acide, lequel sera clair comme
eau de roche. On peut laisser & garder à part ce qui restera dans la cornuë, ou bien en changeant de recipient, pousser & augmenter le feu,
& le faire tout distiller, & garder
ces deux esprits separement.

L'esprit volatil, sulphuré doux, lequel sort le premier, est tres-penetrant & est fort estimé contre l'epilepsie. Sa dose est depuis douze gouttes jusqu'à une dragme dans quelque liqueur appropriée ; le phlegme est propre aux inflammations des yeux, & pour temperer l'acrimonie des erysipeles, & pour mondifier les playes & ulceres.

Le premier esprit qui sort apres le phlegme, est tres-diuretique & incisif, & est fort en usage dans les fiévres chaudes & malignes; il redonne l'appetit, & ouvre toutes obstructions : sa dose s'augmente ou diminuë, suivant l'agréement de son acidité, moindre ou plus grande, s'accommodant au goust du malade.

Le dernier esprit est appellé improprement huile de vitriol, & ce n'est que la partie la plus pesante & caustique de l'esprit acide ; On s'en sert principalement pour dissoudre les metaux & mineraux.

Sel fixe de Vitriol.

METtez dans une terrine ce qui reſte dans la cornuë apres la diſtillation, qui ſera une maſſe noire comme charbon, verſez par deſſus peu à peu de l'eau de pluye, je dis peu à peu, parce que cette maſſe, ſi elle n'a eſté quelque temps expoſée à l'air, fait au ſortir de la cornuë, de meſme que la chaux vive; Continuez de verſer de l'eau par deſſus, juſqu'à ce qu'elle ſurnage de cinq ou ſix doigts, puis mettez la terrine à digerer ſur le ſable chaud durant ſept ou huit heures, remuant ſouvent la matiere pour aider à la diſſolution du ſel, puis filtrez & évaporez la diſſolution juſqu'à la pellicule, & la criſtaliſez; verſez & criſtaliſez l'eau qui ſurnagera les premiers criſtaux, & continuez à évaporer & criſtaliſer juſqu'à ce que tout ſoit criſtaliſé. Les criſtaux ſont à l'abord rougeaſtres, mais eſtans ſechez & mis en poudre, ils ſont blancs comme de la neige. Ce ſel approche les effets du Vitriol vo-

mitif, mais fa dofe eft moindre , &
n'eft que dépuis huit jufqu'à vingt
grains.

On peut achever d'édulcorer la terre qui refte dans la filtration, & s'en
fervir feurement pour arrefter le flux
immoderé du bas ventre , contre le
crachement du fang , pour deffécher
& cicatrifer les playes & ulceres, &
mefmes pour méler dans les onguents
& emplaftres ftiptiques.

Soulphre de Vitriol.

MEttez dans une cucurbite de
verre deux livres de Vitriol
purifié , & une livre de limaille d'a-
cier mélez enfemble, verfez par deffus du vinaigre diftillé , jufqu'à l'eminence d'un bon doigt , mettez un
alambic fur la cucurbite , & la pla-
cés fur le fable chaud , luy adaptant
un recipient, & donnez petit feu au
commencement, pour faire monter
peu à peu toute l'humidité , puis augmentez le feu de degré en degré , jufqu'à faire rougir le fable : Le vaiffeau eftant refroidi , pulverifez fub-
Y iij

tilement ce qui reſtera au fonds de la
cucurbite, & le digerez dans un matras, avec de nouveau vinaigre diſtillé, ſurnageant de trois ou quatre
doigts la matiere, au bain Marie durant trois jours, vous trouverez le
menſtruë coloré, lequel vous verſerez par inclination, & remettrez de
nouveau vinaigre ſur la matiere, &
digererez de nouveau, & verſerez
par inclination, & reïtererez la meſme operation juſqu'à ce que le vinaigre ne ſe colore plus; Alors filtrez
toute la liqueur empreinte, & verſez
par deſſus de bonne huile de tartre,
juſques à ce qu'il y en aye aſſez
pour faire precipiter au fonds tout
le ſoulphre du Vitriol, lequel vous
edulcorerez bien enſuitte avec de
l'eau tiede, puis le ſécherez. C'eſt
un bon remede pour l'aſthme & pour
les maladies de poictrine : ſa doſe eſt
depuis cinq juſques à douze grains,
dans quelque conſerve ou tablette
pectorale.

Il y en a qui en font un laudanum
ſans opium, auquel ils preferent ce
remede, mais l'experience nous fait

voir la difference des effets de ce
foulphre , d'avec ceux de l'opium
deuëment preparé.

CHAPITRE XVI.

Du Criftal de Roche.

LE Criftal , & generalement toutes les pierres , tant precieufes &
diaphanes , que communes & opaques, font des corps durs & inducti-
bles, coagulez & endurcis par la forte action d'un efprit falin lapidifique.
La diverfité de leur couleur , dureté
& pureté, ne provient que de la difference des matrices où la nature les
produit. Mais noftre deffein eftant de
monftrer principalement leur preparation , nous enfeignerons celle du
criftal de roche , laquelle fervira
pour les autres pierres de mefme nature.

Teinture de Criftal.

FAites rougir du Criftal entre les charbons ardents & l'efteignez dans une baffine pleine d'eau , dans laquelle il fe brifera , en forte qu'il pourra eftre mis facilement en poudre impalpable , de laquelle vous prendrez quatre onces. & une livre de fel de tartre purifié , & les ayant meflez enfemble , les mettrez dans un grand creufet , couvert de fon couvercle , duquel les deux tiers foyent vuides ; placez le fur un rondeau au fonrneau à vent , & donnez petit feu au commencement , de peur que la matiere s'enflant, ne forte du creufet, mais lors qu'elle commencera à s'abbaiffer , augmentez peu à peu le feu, jufqu'à la derniere violence , & le continuez jufqu'à ce que la matiere fe mette en fonte claire comme de l'huile , & qu'elle foit devenuë tranfparente comme verre , ce qui fe connoiftra en introduifant dans la matiere , une petite verge de fer , à laquelle s'en attachera quelque petite portion,

portion, qui pourra fervir d'efpreu-
ve; Et lors qu'elle fera bien diaphane, jettez la dans un mortier chaud,
& elle fe congelera incontinant: mettez là en poudre tandis qu'elle fera
encore chaude, & partagez cette poudre en deux portions, & mettez en
une moitié toute chaude dans un matras bien net, fec & chauffé, & verfez
par deffus peu à peu de bon efprit de
vin bien rectifié jufqu'à l'eminence
de quatre doigts, puis mettez par deffus un autre matras pour faire un vaiffeau de rencontre; lutez-en bien les
jointures, & faites digerer fur le fable chaud, en forte que l'efprit du vin
fremiffe continuellement durant trois
ou quatre jours, & autant de nuits:
L'efprit de vin fe chargera de teinture, & l'ayant verfé par inclination
en remettrez de nouveau fur la matiere, procedant comme auparavant, &
continuant d'en remettre de nouveau,
& digerer & verfer par inclination,
jufqu'à ce que l'efprit ne fe colore
plus: Filtrez alors toutes teintures,
& les faites diftiller au bain Marie
dans une cucurbite avec fon alambic

Z

de verre, & en retirez les trois quarts,
& ce fera de bon efprit de vin comme
auparavant, & la teinture rouge reftera dans la cucurbite, laquelle il faut
loger dans une phiole, & la bien boucher.

Notez que cette teinture fe fait
mieux fi on prend des cailloux de ri-
viere, qui font colorez au dedans de
veines rouges, verdaftres & bleuës,
l'une & l'autre de ces teintures ouvrent toutes les obftructions du corps:
On s'en peut fervir dans les maladies
melancoliques & hypocondriaques,
pour l'hydropifie & pour le fcorbut:
la dofe eft depuis dix gouttes jufques
à trente, dans du vin blanc, ou dans
quelque autre liqueur, & en continuer l'ufage.

Liqueur du Criftal.

METtez l'autre partie de voftre
verre de Criftal diffoluble, laquelle vous avez refervée dans une
efcuelle de verre, & l'expofez à la cave, ou autre lieu humide, & en peu
de jours, elle fe refoudra en liqueur,

laquelle eſtant filtrée par le papier gris, ſera claire comme eau de roche; Cette liqueur eſt tres-diuretique, donnée depuis vingt juſques à trente gouttes, dans quelque eau ou decoction convenable.

Notez que ſi on met ſur cette liqueur quelque eſprit acide corroſif, ils ſe convertiront enſemble en un moment en une maſſe ſéche & aſſez dure.

Magiſtere de Criſtal.

PRenez une partie de la liqueur ſuſdite, & mettez la dans une cucurbite, avec cinq ou ſix fois autant d'eau de pluye diſtillée, puis verſez par deſſus peu à peu, & goutte à goutte de bon eſprit de nitre: Cét eſprit cauſe une grande ébullition, parce qu'il agit ſur la partie ſaline, contenuë dans cette liqueur, & en meſme temps le ſel par une reaction ſe joint avec l'eſprit en luy oſtant ſa corroſion; de ſorte que la ſubſtance du criſtal ſe precipite au fonds en poudre legere & blanche comme de la neige,

laquelle il faut bien edulcorer & sécher.

Ce Magistere est fort propre à fortifier l'estomach, ayant la vertu de
détruire l'acidité des humeurs, & de
les addoucir & empescher leur effer-
rescense, qui cause l'orexie, ou l'appetit; On en prend une dragme dans du
vin apres le repas.

Notez que si vous faites évaporer &
cristalliser la premiere & seconde lotion de cette poudre, vous en tirerez
de tres-beau & bon salpétre, provenant de la recorporification de son
esprit avec le sel alkali du tartre.

CHAPITRE XVII.

Du Coral.

IL y a plusieurs sortes de Coraux,
differents entre eux en couleur &
dureté, de tous lesquels le rouge est
le meilleur, lequel il faut choisir bien
rouge & bien compacte & reluisant:
On le prepare diversement, & ses

preparation peuvent servir de modele
pour celles des perles, pierres d'Es-
creviffes, & leurs semblables. Nous
fommes pourtant obligé d'avertir,
qu'on doit esperer de meilleurs effets
de ces fortes de pierres, reduites fimplement en poudre impalpable fur le
porphire, que lors qu'elles ont esté
corrodées par des esprits acides, &
precipitées par des fels : Car la nature sçait fort bien faire d'elle mesme,
ces fortes de diffolutions dans le corps
humain ; Et comme les esprits acides
perdent leur acidité, & s'adouciffent
en agiffant fur ces corps, on doit estre
perfuadé que la nature fait la mesme
operation dans nos estomacs, lors
qu'ils font chargez d'acide, lequel est
la caufe occafionnelle de beaucoup
de maladies.

Sel de Coral.

LE Coral eftant un corps moins
dur que n'est le criftal, n'a befoin
ny de calcination ny d'extinction comme le caillou, car tout auffitoft qu'on
le met au feu, il blanchit & perd fa

belle teinture , qui eſt tres-volatile, qui conſtituë une partie de ces belles proprietez & vertus : Ainſi il ſe faut contenter de le reduire en alkool ou poudre , & en prendre quatre onces, & les mettre dans un matras aſſez grand , & verſer par deſſus de tres-bon vinaigre diſtillé , juſques à l'émi-nence de quatre doigts ; Il ſe fera à l'abord une grande ébullition , par l'action du vinaigre diſtillé , & par la reaction du coral , c'eſt pourquoy il eſt neceſſaire que le matras ſoit grand pour n'en rien perdre. L'action eſtant ceſſée , placez le matras ſur le ſable chaud durant vingt-quatre heures , au bout deſquelles vous trouverez le vinaigre changé en une liqueur preſ-que inſipide , ſon acidité ayant eſté deſtruite dans ſon action ſur le coral; verſez cette liqueur par inclination dans quelque vaiſſeau , & reverſez de nouveau vinaigre diſtillé ſur le co-ral , & reïterez la meſme operation qu'auparavant juſqu'à ce que le co-ral ſoit comme tout diſſout , & qu'il ne reſte au fonds qu'une terreſtrëité indiſſoluble en petite quantité : Mélez

alors vos diffolutions, & les filtrez par
le papier gris, & les faites évaporer
au bain Marie dans une cucurbite de
verre jufques à ficcité.

On attribuë au fel de coral la vertu
de purifier la maffe du fang, & on le
donne dans les maladies caufées de
la melancolie : Sa dofe eft depuis fix
jufques à vingt grains, dans quelque
liqueur convenable.

Magiftere de coral.

DIffolvez le coral, comme nous
venons de dire, avec le vinaigre
diftillé, & au lieu d'évaporer la diffolution, inftillez par deffus goutte à
goutte de bonne huile de tartre faite
par deffaillance, & vous verrez incontinant le coral fe precipiter au
fonds de la liqueur, en poudre tres-
blanche, laquelle il faut édulcorer
par plufieurs lotions : On s'en fert
auffi aux mefmes ufages que du fel,
mais comme il opere avec moins de
force, fa dofe en eft plus grande, &
on le donne jufques à une dragme.

Teinture de coral.

BEaucoup de perſonnes s'imaginent de ſçavoir tirer la teinture
du coral, & preſque tous les Autheurs en ont donné des preparations,
auſſi veritables que les fables d'Eſope:
Car pluſieurs ont voulu tirer cette
teinture avec l'eſprit de bois de cheſne, de gayac, &c. D'autres avec l'eſprit de la crouſte de pain, & ſemblables ; Et ayans mis ſur le coral en digeſtion ces menſtruës, (leſquels réc-
tifiez ſont clairs comme de l'eau) parce qu'ils s'exaltent dans la digeſtion,
par le moyen d'un ſel volatil ſulphuré lequel ils contiennent , voyans la
couleur rouge dans ledit menſtruë,
ſans conſiderer que la digeſtion luy
auroit donné cette couleur, auſſi bien
eſtant ſeul & ſans coral, comme ſur
le coral , ont pris l'ombre pour le
corps, & vne teinture eſtrange pour
celle du coral. D'autres s'amuſent à
calciner le coral ſeul ou avec addition
de ſalpétre, mais le coral devenant
blanc, & perdant ſa teinture à la

moindre chaleur du feu, ceux-là ne
tiennent rien, & cependant ne laiſſent
pas de mettre ſur ce corps de bon
eſprit de vin, lequel par la digeſtion
& l'aide du ſel fixe du nitre, avec lequel le coral a eſté calciné, s'exalte
& devient rouge, comme la teinture
du ſel de tartre. Par telle ou ſemblables moyens on s'imagine d'obtenir
la veritable teinture de coral, à laquelle on attribuë ſans raiſon des effets ſurprenans. Ie pourrois encore
donner pluſieurs exemples, pour empeſcher le Lecteur de s'arreſter à pluſieurs receptes ridicules ; je me con-
tente de ce mot en paſſant : Et comme je n'ay pretendu mettre aucune
preparation dans ce petit Traitté, de
laquelle je n'aye fait l'experience de
ma propre main, je donneray la façon d'une teinture de coral qui me
ſemble raiſonnable & veritable.

Prenez quatre ondes de beau coral
rouge, que vous mettrez en poudre
ſubtile, & mélerez avec autant de ſel
armoniac, ſublimé par trois fois avec
le ſel decrepité, comme nous avons
enſeigné au Chapitre du ſel armoniac:

mettez ce mélange dans une petite cucurbite : avec son alambic, placez-là sur un petit fourneau à sable, & luy adaptez un recipient, lutez bien les jointures des vaisseaux, & donnez petit feu au commencement, l'augmentant peu à peu, vous verrez premierement monter un esprit volatil urineux, qui se détachera du sel fixe marin, lequel les fleurs du sel armoniac contenoient, & lequel sel fixe se joint & s'incorpore avec la substance terrestre du corail ; Apres que cét esprit volatil qui est en petite quantité sera monté & passé dans le recipient, vous verrez monter des fleurs, lesquelles s'attacheront à l'alambic, & à la partie superieure de la cucurbite, lesquelles seront colorées de diverses couleurs, comme rouge, vert, bleu, & tres-agreables à la veuë, & contiennent en elles la veritable teinture du corail ; La partie terrestre du corail demeurera blanche comme neige au fonds de la cucurbite, avec le sel fixe marin, lequel les fleurs du sel armoniac contenoient : Continuez le feu moderé (car il ne faut pas gran-

de chaleur à cette operation) juſqu'à ce qu'il ne monte plus rien : Toute l'operation ſe peut faire en peu
d'heures : Laiſſez alors refroidir les
vaiſſeaux; & amaſſez ſoigneuſement ce
qui eſt ſublimé, & le mettez dans un
matras, verſant par deſſus de bon eſprit de vin juſqu'à l'eminence de quatre doigts, digerez-le quelques jours
dans le bain Marie, il ſe chargera
d'une teinture tres-rouge, & privera
les fleurs de toutes les belles couleurs
qu'elles avoient auparavant, car elles
demeureront au fonds du matras blanches, comme les fleurs du ſel armoniac: Filtrez la teinture, & en tirez
les trois quarts par l'alambic dans le
bain Marie, & la teinture reſtera parfaite au fonds de la cucurbite, laquelle il faut garder dans une phiole bien
bouchée.

C'eſt un ſouverain remede pour
corroborer les viſceres, en deſopilant
il purifie le ſang par les ſueurs &
urines: Sa doſe eſt depuis ſix juſqu'à
vingt-quatre gouttes dans quelque
liqueur convenable.

Autre teinture de Coral.

LA teinture de coral que nous exposons icy est en usage parmy quantité de personnes, & quoy que ce ne soit pas une veritable teinture de coral, mais plustost une exaltation du soulphre contenu dans l'esprit de vin qui sert de menstrüe, & qui est exalté plustost par le sel fixe du nitre avec lequel on calcine le coral, que par la teinture, qui reside dans le coral, nous ne laisserons pas d'en donner la description.

Il faut prendre une livre de bon coral rouge pulverisé, & deux livres de salpétre purifié, mêler le tout ensemble en le broyant dans un mortier, puis mettre ce mélange dans un pot de terre capable de resister au feu, placer le pot dans un fourneau a vent entre le charbon, qu'il faut allumer doucement au commencement, afin que la matiere s'échauffe peu à peu & que la violence du feu d'abord ne fasse casser le pot; mais estant bien rouge, il faut continuer un feu assez violent l'espace de six à huit heures, puis

laiſſer refroidir le vaiſſeau & le rompre , & pulveriſer la maſſe qui s'y
trouvera , laquelle ſera blanche comme neige, qu'on mettra dans un matras à col long, & on y verſera de
bon eſprit de vin à l'éminence de
quatre doigts, & on mettra le matras
à digerer dans le ſable chaud l'eſpace
de deux jours, pendant leſquels l'eſprit de vin ſe chargera d'une teinture
rouge, laquelle il faut verſer, & remettre de nouveau eſprit de vin , continuer la digeſtion ſur le ſable chaud,
puis le verſer & en remettre d'autre,
juſques à ce que l'eſprit de vin ne
tire plus de teinture : Lors prenez
toutes les teintures enſemble , & les
mettez dans une cucurbite de verre
avec ſon alambic bien luté , & en diſtillez tout l'eſprit de vin par une tres-
lente chaleur , il vous reſtera au fonds
un ſel jaunaſtre , tirant ſur le rouge,
d'un gouſt lixivial. L'eſprit de vin
qu'on a retiré par la diſtillation peut
eſtre gardé pour le meſme ou pour
d'autres uſages ; mais le ſel qui reſte
au fonds de la cucurbite , doit eſtre
mis à la cave avec la cucurbite d'é-

couverte : le fel rougeâtre fe refoudra par l'attraction de l'humidité en
liqueur rouge, laquelle il faut garder
dans une phiole pour l'ufage, lequel
eſt tel ; Il faut prendre deux livres de
bon vin d'Efpagne , & une once de
ladite liqueur , les mêler dans un vaiſ-
feau de verre bien bouché ; & les laiſ-
fer enfemble en un lieu froid l'efpace de huit jours ; le vin d'Efpagne qui
a eſté blanc, deviendra rouge comme
du fang.

On donne de cette teinture pour purifier la maſſe du fang, pour l'epylep-
fie, pour fortifier l'eſtomac , & pour
le nettoyer des vifcofitez , depuis une
demie cueillerée juſques à une bonne
grande cueillerée le matin à jeun , &
on en continuë l'ufage.

CHAPITRE XVIII.

De la chaux vive.

LA chaux vive faite des cailloux
ou pierres communes , par une

calcination connuë & pratiquée mefmes par les Payfans, fournit pour
l'exterieur quelques remedes, & entr'autres l'eau, à laquelle on a donné
le nom de Phagedenique, & le fel ou
pierre cauftique, lefquels nous décri-
rons, fans nous arrefter à quantité
d'autres preparations, bien ou mal
fondées & peu ufitées.

Eau Phagedenique.

PRenez deux livres de bonne chaux
vive, bien calcinée & nouvellement faite, mettez-la dans une grande
terrine, & verfez par deffus peu à peu
dix livres d'eau de pluye, & les laiffez enfemble durant deux jours, en
les remuant fouvent, puis laiffez
bien raffeoir la chaux, & verfez par
inclination l'eau qui furnagera, & la
filtrez, & la mettez dans une grande
bouteille de verre, & y adjouftez une
once de fublimé corrofif en poudre,
lequel fe changera de blanc en jaune,
& defcendra au fonds du vaiffeau:
L'eau eftant raffife, vous vous en
pourrez fervir, tant pour mondifier

les playes & ulceres, & pour en confumer les fuperfluitez, & principalement pour la gangrene, & en ce cas le
Chirurgien expert y peut adjoûter fur
l'heure un quart ou tiers d'efprit de
vin; on peut obferver la mefme chofe
pour les maladies des yeux, & on la
peut temperer avec des eaux appropriées, & quelques fois avec de l'eau
de pluye, felon la connoiffance qu'il
en aura: La chaux qui a refté dans la
terrine, peut eftre bien édulcorée,
feichée, & gardée pour tous les maux
externes, qui ont befoin de defficca-
tion.

Pierre Cauftique.

PRenez une livre de chaux vive,
& deux livres de cendres gravellées, mettez les enfemble en poudre,
& les calcinez dans un pot propre au
four d'un Potier, puis avec fuffifante
quantité d'eau de fontaine ou de ri-
viere faites en lexive, laquelle vous
ferez évaporer jufques à ficcité, & il
vous reftera un fel tres-acre, lequel
vous mettrez dans un bon creufet, &
ferez

ferez fondre au fourneau à vent, &
dés qu'il fera bien en fufion, le jetterez dans une baſſine, de meſme que
l'on jette le criſtal mineral, & le rompez enſuite en petits morceaux, tandis qu'il eſt encore chaud, & les mettez dans des phioles bien bouchées
avec de la cire ; car autrement ces
pierres ſe liquifient, par l'attraction
de l'humidité de l'air. L'uſage de cette
pierre cauſtique eſt trop connu pour
nous y arreſter.

CHAPITRE XIX.

De l'Arſenic.

L'Arſenic eſt un mineral fuligineux
& inflammable en partie, comme
le ſoulphre commun : Il y en a de
trois ſortes, le premier eſt le blanc,
qui retient le nom d'Arſenic ; le ſecond eſt le jaune, nommé Orpiment;
le troiſiéme eſt rouge, nommé Real-
gar, ou Sandaraque ; leur preparation n'eſt pas differente, & celle du

blanc nous suffira. Les principales
preparations de ce mineral , sont le
regule , l'huile caustique, la liqueur
& la poudre fixe , desquelles on se
sert avec heureux succez pour le dehors , & mesmes quelques-uns osent
s'en servir interieurement, ce que je
ne conseille point , puis que la nature nous fournit assez d'autres remedes moins dangereux & plus asseurez.

Regule d'Arsenic ou d'Orpiment.

PVlverisez une livre d'Arsenic ou
d'Orpiment , avec six onces de
cendres gravellées, & les mélez avec
une livre de savon mol , & les mettez
dans un creuset assez grand , lequel
vous couvrirez d'un autre creuset percé par le cul, afin que les vapeurs ve-
neneuses puissent sortir ; placez le
creuset dans un fourneau à vent, &
donnez petit feu au commencement,
l'augmentant peu à peu , jusques à
faire fondre la matiere; laquelle estant
en belle fusion , vous jetterez dans
un cornet de fer , chauffé & graissé
de cire , & la laisserez refroidir, vous

trouverez un petit regule au fonds, qui aura presque le grain comme celuy de l'Antimoine.

Huile ou liqueur corrosive de l'Arsenic

PVlverisez parties égales de regule d'Arsenic, & de sublimé corrosif, & les mettez dans une petite cornuë, & la placez au sable, & donnez feu gradué, & en faites distiller la liqueur gommeuse, laquelle sortira comme le beurre d'Antimoine: Cette liqueur a aussi les mesmes proprietez; mais elle est bien plus violente que celle de l'Antimoine: lors que la liqueur butireuse sera montée, changez de recipient, & poussez un peu le feu, pour faire monter le Mercure, lequel sortira vif & coulant dans le recipient; car les esprits, lesquels le tenoient avparavant en la forme d'un sel cristalin, l'ont quitté pour s'attacher au regule d'Arsenic.

Liqueur fixe d'Arsenic.

PVlverisez & mélez ensemble une livre d'Arsenic, & trois livres de

falpétre, & les faites fondre dans un
ou plufieurs grands creufets, defquels
les deux tiers doivent demeurer vuides, à caufe de la grande ébullition;
c'eft pourquoy il faut que le feu foit
moderé au commencement, & durant
une ou deux heures; mais durant que
l'ébullition ceffera, augmentez le feu,
& le continuez, jufques à ce que la
matiere ne jette plus de fumée, &
qu'elle foit coulante comme de l'huile
dans le fonds du creufet: Alors vous
la jetterez dans un mortier chauffé, &
lors qu'elle commencera à fe refroidir, pulverifez-la, & l'expofez à l'air
humide pour la faire refoudre en liqueur, laquelle vous filtrerez & con-
ferverez dans une phiole. On s'en fert
contre les ulceres malins, veroliques,
chancreux & fiftuleux, & on la tempere avec des eaux appropriées, pour
diminuer fa force.

CHAPITRE XX.

Du foulphre.

LE foulphre eft une refine, où graiffe terreftre, meflée d'un fel acide vitriolique : Il y en a de deux fortes, le premier eft celuy qu'on appelle vif, lequel on laiffe tel qu'il vient des entrailles de la terre; Le fecond eft le foulphre commun jaune, lequel fe tire du premier par la fufion, ou bien des eaux minerales, defquelles on le fepare par l'évaporation de l'humidité. Il le faut choifir en petits canons, tirant de jaune fur le vert, compacte, & lequel eftant allumé, jette une flamme d'un bleu clair, fans s'éteindre, & fans laiffer aucune terreftrëité. Son ufage interieur principal eft pour la guerifon des maladies de la poictrine : on s'en fert contre la pefte, parce qu'il refifte à la pourriture : On s'en fert auffi exterieurement pour refoudre les tu-

meurs, & pour guerir la galle, les dartres, & autres maux de dehors ; &
il se prepare diversement.

Fleurs de Soulphre.

AYez une cucurbite de bonne terre, placez-la au fourneau à feu
ouvert, en sorte toutesfois qu'elle
soit bien environnée de lut & de brique, & que le feu ne puisse paroistre
ny respirer par le haut, que par les
quatre trous ou registres, mais il faut
que le col de la cucurbite soit hors du
fourneau : faites petit feu au commencement, pour chauffer peu à peu
le fonds de la cucurbite : puis mettez dans icelle demie livre de soulphre en poudre, & adaptez incontinent un alambic sur la cucurbite sans
le luter, & augmentez le feu d'un
degré ; Et lors que vous verrez que
l'alambic commence à se charger de
fleurs, soyez soigneux d'entretenir le
feu au mesme estat parce que si le feu
est trop fort, le soulphre déja sublimé se fond & coule en bas, & si le
feu n'est pas suffisant, les fleurs ne se

pourront fublimer; lors que l'alambic fera fuffifamment chargé de fleurs,
oſtez-le , & fubſtituez en meſme
temps un autre à ſa place, & amaſſez
les fleurs pour vuider cét alambic, &
le tenir tout preſt pour fubſtituer à
l'autre dés qu'il fera chargé de fleurs;
& lors que vous jugerez que la demie
livre de foulphre pourra eſtre preſque
fublimée, adjoûtez une autre demie
livre de foulphre dans la cucurbite,
& continuez l'operation avec un feu
regulier, en changeant de temps en
temps l'alambic, ramaſſant les fleurs,
& remettant de nouveau foulphre
dans la cucurbite , juſques à ce que
vous ayez fuffiſamment des fleurs:
Et continüez le feu juſqu'à ce qu'il
ne reſte dans l'alambic autre choſe
qu'une bien petite quantité de terre
legere ; Notez que tout le foulphre
monte en fleurs fans feparation d'aucune fubſtance , excepté cette terre,
mais en petite quantité ; de forte que
cette fublimation n'eſt pas proprement une purification , mais une ra-
refaction , par laquelle le foulphre
eſt diviſé en tres-petites parcelles,

plus diſſoluble dans ſes menſtruës, plus aiſé à mêler dans les compoſitions , & plus propre aux uſages pour les maladies de poiⅆrine. C'eſt pourquoy nos anciens , qui ne raffinoient pas tant ſur les preparations des medicaments , & qui tendoient plus à la ſimplicité, ſe ſervoient ſans ſcrupule autant que ſans danger , du ſoulphre en canons, & en la maniere qu'il ſe trouve chez les Epiciers; de ſorte qu'on doit conjeⅆurer que la petite quantité de terre legere , qui reſte apres la calcination qu'on en fait , n'ayant aucune odeur ny ſaveur ny autre qualité ſenſible , ne peut empeſcher les effets qu'on ſe promet avec juſtice de l'uſage dudit ſouffre; la doſe duquel, ou des fleurs preparées comme cy-deſſus, eſt depuis un demy ſcrupule, juſqu'à une demie da g me, donné en extrait, conſerve, opiate, tablette, moelle de pomme cuite, ou autre choſe ſemblable.

Eſprit

Esprit acide du soulphre.

LA pluſpart de ceux qui ſe mêlent de quelques operations Chymiques, s'imaginent de pouvoir tirer l'eſprit acide du ſoulphre, non ſeulement en grande quantité, mais auſſi avec facilité, & cela par divers inſtrumens, qu'ils ont inventé chacun en leur particulier ; Mais lors qu'on examine bien leur pretendu eſprit acide, on trouve que ce n'eſt que phlegme, ou bien un eſprit de ſoulphre fait avec du ſalpétre : La veritable & la plus facile methode eſt telle :

Ayez une grande terrine de grais bien cuitte, au milieu de laquelle vous mettrez une petite eſcuelle renverſée de la meſme terre, & ſur celle-là une autre eſcuelle plus grande, qui ſoit d'une bonne terre, propre à reſiſter au feu, dans laquelle il y aye une livre de ſoulphre fondu ; mettez dans ce ſoulphre des charbons ardents de liege pour l'enflammer, & couvrez la terrine d'une cloche de verre qui ſoit ſuſpenduë par une corde, ou qui foit foustenuë par trois crochets de verre; car il ne faut pas que le bord de la cloche touche immediatement la terrine, mais il faut qu'il y aye tout autour une diftance de l'efpoiffeur d'un doigt, afin que le foulphre puiffe toûjours brufler fans s'éteindre, & que les fumées ou les fuligines du foulphre fe puiffent exhaler, tandis que le fel acide fpiritueux du foulphre monte, & fe refolvant en liqueur, s'attache à la cloche, & tombe en fuitte goutte à goutte dans la terrine. Le foulphre eftant confumé, il en faut remettre d'autre, & continuer jufqu'à ce qu'on en aura une fuffifante quantité. Notez qu'il faut humecter la cloche au commencement, & faire cette operation en temps humide, & fi l'on peut fous les deux æquinoxes. Les proprietez de cet efprit, ne font pas differentes de celles de l'efprit de vitriol. Quelques-uns le croyent plus fpecifique contre l'afthme, & les maladies de la poictrine, & mefme contre la pefte: On le donne dans les juleps, ou autres liqueurs, juſqu'à une agreable acidité.

On veut bien avertir icy les curieux, & ceux qui ont recherché plus
ſoigneuſement dans les remedes generaux, ce qui peut y avoir qui les
determine à des effets particuliers,
que ſi on prepare ledit eſprit de ſoulphre, de maniere qu'on ait enduit
la cloche de verre au dedans de feüilles d'or ou d'argent, on determine
ledit eſprit à des effects proportionnez à l'impreſſion qu'il aura priſe des
metaux ou autres mixtes, auſquels il
ſe ſera joint, & ainſi ſera utile à
fortifier telles ou telles parties, ou
guerir telles ou telles maladies, ſelon la juſte application que le ſage
Medecin en ſçaura faire en temps &
lieu.

Laiƈt ou Magiſtere de Soulphre.

PRenez quatre onces de fleurs de
ſoulphre, douze onces de ſel de
tartre, & ſix livres d'eau de pluye,
mettez le tout dans un pot de grais,
& le faites boüillir au fourneau de
ſable durant cinq ou ſix heures, pen-

dant lesquelles le soulphre se dissoudra, & la liqueur deviendra rouge;
Filtrez la chaudement, & meslez encore avec ce qui aura esté filtré cinq
ou six livres d'eau, puis versez par
dessus peu à peu du bon vinaigre distillé, ou à sa place quelque autre a-
cide ; La liqueur se convertira tout
aussi tost en laict, & le magistere du
soulphre se precipitera peu à peu au
fonds du vaisseau : Versez par inclination la liqueur qui surnagera, &
edulcorez la poudre par plusieurs lotions avec eau tiede, puis la seichez
& conservez.

L'usage de ce magistere est sembla-
ble à celuy des fleurs, mais sa dose
en est moindre, à cause qu'il est plus
ouvert; & cinq grains de cette poudre
font plus que dix grains de fleurs, ou
d'environ autant de soulphre commun, puis qu'entre ces deux der-
niers, il n'y à pas de difference nota-
ble, comme nous l'avons remarqué
cy-dessus.

Baume de Soulphre.

METTEZ dans un matras deux ón-
ces de fleurs de foulphre , &
verfez par deffus huit onces d'huile
de Terebentine bien rectifiée , placez
le matras dans le fable , & donnez petit feu au commencement , l'augmentant peu à peu , jufques à ce que le
foulphre foit diffout , ce qui arrive
dans quatre ou cinq heures , dans une
chaleur affez moderée : L'huile de Terebentine fe chargera de couleur de
rubis , & diffoudra tout le foulphre;
Mais en laiffant refroidir le vaiffeau,
une partie du foulphre , que l'huile
ne peut tenir en forme liquide , fe
recorporifie ou fe congele ; Il faut
verfer ce qui eft cláir & rouge dans
une phiole , la bien boucher & le garder.

Ce baume guerit les ulceres des
poulmons , il eft bon contre la pefte,
& contre toutes les maladies contagieufes , tant pour les guerir que pour
s'en preferver ; Sa dofe eft depuis cinq
jufques à quinze gouttes dans quel-

que liqueur convenable. On peut
faire un excellent baume pour l'exterieur, en se servant de l'huile de lin
à la place de l'huile de Terebentine,
& ce baume n'a pas son pareil, tant
pour guerir les contusions, que pour
les ulceres ; car il est anodin, & adoucit l'acrimonie des humeurs.

CHAPITRE XXI.

De l'Ambre gris.

L'Ambre gris est une espece de bitume, venant du fonds de la Mer
tout liquide, mais il se congele &
endurct, par la force de l'esprit coagulatif du sel de la Mer, & par les
rayons du Soleil : On le trouve ordinairement aux rivages de la Mer
des Indes ; Il n'est pas toûjours d'une
égale bonté, ny d'une mesme couleur,
ce qui provient des moindres ou plus
grandes impuretez qu'il a rencontrées
avant sa congelation. Le meilleur est
d'un gris tirant sur le jaune, d'une

odeur douce & fuave, & fe liquifiant
aifement à la chaleur : l'Ambre gris
eft un des plus nobles ouvrages de la
Nature, & n'a pas befoin de grande
preparation, produifant tel qu'il eft
des grands effets, tant pour fortifier
le cœur, l'eftomach, & le cerveau,
que pour recréer les efprits vitaux
& animaux. Mais fa qualité bitumi-
neufe empefchant fa facile mixtion
avec les liqueurs aqueufes, on en
vient à bout en le reduifant en effence comme s'enfuit.

Effence d'Ambre gris.

PRenez deux dragmes de bon Ambre gris, & un fcrupule de bon
mufc de Levant, pulverifez les bien
& les mettez dans un matras, & verfez par deffus quatre onces de bon efprit de vin, adaptez fur ledit matras
un autre petit matras de rencontre,
& en lutez bien les jointures, & les
faites digerer durant quelques jours
dans le fien de Cheval, moderement
chaud, puis verfez ce qui eft clair
dans une phiole ; tandis qu'il eft

chaud ; car cette essence se congele, & se liquifie à la moindre chaleur de la main : C'est un excellent confortatif ; il augmente la semence , & rend l'homme & la femme habiles à la generation. On ne doit toutes fois se servir de se remede, non plus que de beaucoup d'autres , qu'avec grande circonspection , & ayant égard au temperament & besoin des personnes auxquelles on l'ordonne. Ce qui ne se doit faire qu'avec une entiere connoissance & un asseuré jugement d'un bon & sage Medecin. On en prend depuis dix jusques à quinze goutes dans du vin d'Espagne , ou dans de l'hydromel, ou autres liqueurs.

CHAPITRE XXII.

Du Karabé ou Succin.

LE Karabé que l'on appelle Ambre jaune ou succin, est une resine ou bitume fort pur & bien digeré, qui s'écoule des veines de la terre dans la

Mer, où il s'endurcit par la force de l'esprit coagulatif du sel de la Mer ; il y en a de plusieurs sortes, desquelles le blanc est le meilleur, & apres iceluy le jaune, & apres le jaune, le noir. On s'en sert en poudre sans autre preparation pour les catarrhes, pour les gonorrhées, & pour les fleurs blanches ; Mais estant réduit en huile & en sel volatil, il a pour lors des vertus tres-grandes, comme nous dirons cy-apres.

Distillation du Succin.

PRenez trois livres de succin pulverisé grossierement, mettez les dans une cornuë assez grande, de laquelle la moitié demeure vuide, & la placez au fourneau de sable, luy adaptant un grand recipient, & en lutez exactement les jointures : Donnez le feu gradué ; il en sortira premierement un phlegme, puis un esprit, apres une huile & un sel volatil meslez confusement : Augmentez & continuez le feu jusques à ce qu'il n'en sorte plus rien, puis laissez re-

froidir les vaiffeaux, & délutez le re-
recipient; Vous trouverez dans la cornuë une matiere noire en forme d'af-
phaltum, Mettez dans le recipient
environ deux livres d'eau chaude, &
l'agitez bien avec toutes les fubftances qui s'y trouvent, afin que le fel
volatil attaché aux parois du recipient
ou mélé dans l'huile, fe diffolve dans
icelle: Verfez-en fuitte le tout dans
une phiole, & feparez l'huile d'avec
l'eau, contenant en elle l'efprit & le
fel volatil.

Rectification de l'huile de Succin.

MEflez & incorporez l'huile, feparée des autres fubftances,
avec autant de cendres ou briques
bien recuites & mifes en poudre, qu'il
en faut pour l'abforber & pour en faire une maffe affez feiche; puis mettez cette maffe dans une cornuë, &
la diftillez à un feu affez lent; La
premiere huile qui en fortira, fera affez belle & claire, & vous la garderez feparement, pour l'ufage interne:
Continuez & augmentez le feu peu à

peu, pour en faire monter l'huile
rouge ; & lors qu'il ne fortira plus
rien, ceffez le feu, & gardez les huiles à part. La premiere eft excellente
contre l'apoplexie, l'epilepfie, la paralyfie, & toutes les maladies du cerveau, & contre les maladies de la matrice, & contre la retention de l'urine : Sa dofe eft depuis trois jufques
à dix gouttes, dans quelque liqueur
appropriée. La feconde qui eft l'huile
rouge, peut fervir dans les onguents
& emplaftres, elle fortifie les nerfs,
& diffipe les tumeurs ; On en frotte
auffi avec bon fuccez les paralitiques.

Sublimation & Purification du fel volatil de Succin.

PRenez la liqueur fufdite, feparée
de l'huile, laquelle contient le
phlegme, l'efprit & le fel volatil du
fuccin, filtrez-la pour la bien feparer
de toute la fubftance huileufe, & la
mettez dans un matras à long col ;
Verfez pardeffus goutte à goutte de
bon efprit de fel, lequel caufera une
grande ébullition à caufe de l'action

qu'il fait fur le fel volatil du fuccin;
Car ce fel eſt approchant de la nature
des fels volatils des animaux : Lors
que l'ebullition a ceſſé, mettez la liqueur dans une cucurbite, & la couvrez de ſon alambic, & diſtillez au
feu de ſable, vous en tirerez une
eau inſipide : Car le fel volatil du ſuc-
cin, par une reaction a tué l'acide de
l'eſprit de fel, & demeure joint avec
luy au fonds de la cucurbite : Apres
que toute l'humidité inſipide ſera
montée, augmentez le feu d'un degré, pour faire ſublimer le fel, lequel montera & s'attachera en partie
au chapiteau, & en partie au haut de
la cucurbite : Laiſſez refroidir les vaiſ-
feaux, & amaſſez ſoigneuſement ce
fel volatil, qui ſera fort ſubtil & penetrant, & aura un gouſt du fel armoniac ſublimé : Mais pour le rendre
encore plus ſubtil, il le faut meſler
avec autant de fel de tartre purifié,
& mettre ce mélange dans une petite
cucurbite avec ſon chapiteau, le ſublimer à feu de ſable, le fel de tartre
retiendra tout l'eſprit de fel, qui s'é-
toit uny & corporifié avec le fel de

fuccin dans la premiere fublimation;
Et ce fel ainfi reflublimé fera tres-pur
& blanc comme neige, & doit eftre
gardé dans une phiole, parfaitement
bien bouchée, car il eft fi penetrant
& volatil, qu'on a bien de la peine
à la garder long-temps.

On fe fert de l'un & de l'autre de
ces fels contre toutes les obftructions
du corps, contre la paralyfie, contre
les retentions d'urine, & contre la
jauniffe; Il pouffe puiffamment par les
fueurs & par les urines: La dofe du
premier eft de vingt grains, jufques
à une dragme; mais le fecond, lequel
eft purifié au plus haut point, ne fe
donne que depuis quatre jufques à
quinze grains, dans quelque liqueur
convenable.

Nous finiffons icy la fection des mineraux, eftans affeurez que ceux qui
comprendront bien le procedé des
préparations que nous avons d'ef-
crites, feront capables d'une infinité
d'autres, defquelles nous n'avons pas
jugé à propos de parler.

SECTION II.

DES VEGETAVX.

APres avoir montré la preparation des mineraux, le plus clairement qu'il nous a esté possible,
nous nous disposons à faire la mesme
chose des vegetaux, ou entiers, ou
de leurs parties, qui sont les racines
les bois, les escorces, les resines, les
gommes & autres excroissances, les
feüilles, les fleurs, les semences, &
les fruits; Et quoy que la famille des
vegetaux s'estende presques à l'infi-
ny, nous nous contenterons de montrer par des exemples suffisans toutes
leurs principales preparations; Et
pour y proceder par ordre, nous commencerons par les racines, qui sont
la partie inferieure des plantes, &
viendrons ensuitte de degré en degré
jusques à leurs sommitez. Or tous

les vegetaux entiers, ou leurs parties,
peuvent bien eftre reduits par le feu,
en leurs cinq fubftances diftinctes:
mais comme cela ne fe peut faire fans
que le feu laiffe de mauvaifes impreffions aux efprits & aux huiles , les
Artiftes ont inventé d'autres voyes,
& fe font contentez de tirer par des
menftruës ce qu'ils contiennent de
meilleur, fans s'amufer à l'exacte feparation de toutes leurs parties , defquelles plufieurs font inutiles. En-
quoy nous pouvons obferver que la
fimplicité & la verité fe trouvent tousjours jointes enfemble, & que plus
l'Artifte y met du fien, plus auffi la
nature eft alterée ou corrompuë. Ce
qui fe voit plus fenfiblement dans le
regne vegetable ; c'eft pourquoy il
faut tousjours fe défier de ceux qui
fe vantent d'avoir des préparations
exquifes & fingulieres dans les chofes
où la nature a atteint fa derniere perfection : Ainfi dans la preparation des
vegetaux , il faut s'abftenir de l'vfa-
ge de ce feu qui détruit ou confume
toutes chofes ; car comme l'intention
que tout homme de bien doit avoir,

n'eſt que de conſerver la bonté des
choſes crées , & non pas les détruire,
nous devons faire tout noſtre poſſible
pour employer à noſtre vſage cette
meſme bonté que Dieu à donné à
tous les eſtres, dés qu'il les eut créez,
& nous defier de nous meſmes , &
principalement de ceux qui par trop
d'alterations & de preparations , les
éloignent de leur premiere bonté &
de leur premiere origine : C'eſt pourquoy d'autant que les choſes feront
icy plus fimples & plus faciles dans
l'employ qu'on fera obligé d'en faire
pour la Medecine , il ne faudra pas
s'imaginer que l'utilité en doive
eſtre moins conſiderable , parce qu'à
proportion de ce que la Nature fait
plus, l'Artiſte doit moins faire , &
que les vegetaux eſtans le dernier ef-
fort , & ce qui paroiſt le plus au dehors des ouvrages de la nature, en
font auſſi la derniere perfection. Tout
de meſme qu'un enfant depuis qu'il
eſt forti du ventre de ſa mere, n'a plus
plus beſoin que d'aliment , & non
pas de choſe qui le détruiſe; ainſi les
vegetaux , qui font des fruits & des
productions

productions meures de la terre , n'ad-
mettent pas ces preparations violentes
& fortes, comme font celles du feu qui
ont esté employées pour les mineraux,
mais celles feulement qui reffemblent
à la nourriture qu'on employe pour
les enfans, qui doit eftre chaude & humide , pour leur donner en mefme
temps & la nourriture & l'augmentation. C'eft en quoy l'on doit conferver prefque tout ce qu'il y a dans les
vegetaux, & que les extraits qu'on
en tire font toûjours ce qui s'y trouve
de meilleur , à caufe qu'ils retiennent
en eux les principes de chaque chofe
fans divifion. Nous commencerons
d'abord par les racines.

CHAPITRE I.

De la Racine de Ialap.

LE Ialap eft une racine , laquelle
les Anciens n'ont pas connuë, &
qui vient des Indes : Elle doit eftre
pefante , d'une couleur entre gris &

noir, & eftant rompuë elle doit avoir
au dedans des veines refineufes, elle
eft d'un gouft acre & mordicant. Or
fa principale vertu-confifte dans fa
fubftance refineufe, laquelle on fepare comme s'enfuit.

Pulverifez huit onces de bon Ialap,
& le mettez dans un matras, & verfez
par deffus de bon efprit de vin, à l'e-
minence de quatre doigts, bouchez le
vaiffeau, & le mettez à digerer au
bain Marie durant deux ou trois jours,
pendant lefquels l'efprit de vin fe
teindra de couleur d'hyacinthe; Ver-
fez-le par inclination dans un autre
vaiffeau, & remettez de nouveau efprit de vin fur la matiere, & digerez
comme auparavant ; & verfez enfuite par inclination, & remettez pour
la troifiéme fois d'autre efprit de vin,
& digerez & verfez par inclination;
Mélez & filtrez toutes teintures, &
les mettez dans une grande terrine
vernie, verfez par deffus trois ou quatre livres d'eau bien nette, laquelle
rompra la force de l'efprit de vin, &
l'obligera à laiffer aller la fubftance
refineufe du Ialap, laquelle il tenoit

en diſſolution, elle ſe precipitera peu à
peu au fonds & aux coſtez de la terrine:
Verſez l'eau dans une cucurbite, & en
retirez l'eſprit de vin par diſtillation,
lequel pourra ſervir comme auparavant à pareilles choſes: Lavez bien
la reſine avec de l'eau claire, pour luy
oſter l'odeur de l'eſprit de vin, puis la
ſéchez au Soleil à une chaleur lente,
& la reduiſez en poudre impalpable
lors que vous vous en voudrez ſervir. Le Ialap qui reſte apres la ſeparation de la reſine eſt leger & inſipide, comme la cendre privée de ſon
ſel.

La reſine de Ialap purge les ſeroſitez, c'eſt pourquoy on s'en ſert heureuſement contre l'hydropiſie, &
contre toutes les maladies qui proviennent d'une abondance de ſeroſi-
ſitez: Sa doſe eſt depuis cinq juſques
à quinze grains dans quelque conſerve ou extrait en forme de bolus, ou
avec le tartre vitriolé en poudre;
mais le plus ſeur eſt de pulveriſer cette reſine, & la délayer dans une émul-
ſion d'amandes ou de ſemences froides, ou avec quelque jaune d'œuf

dans un boüillon, pour addoucir l'a-
crimonie de cette refine, & divifer
fes parties, & les empefcher de s'at-
cher aux parois de l'eftomach, ou aux
inteftins ; ce qui eft fouvent la caufe
des fuperpurgations : On peut auffi
ufer de la mefme precaution dans
l'exhibition des remedes refineux, tirez de la fcamonée, de l'agaric, du
turbith, & autres, & defquels la preparation doit eftre femblable à celle
du Ialap. Ce qui fait que tant de Char-
latans ou d'Emperiques gueriffent fouvent les hydropiques abandonnez des
Medecins, eft qu'ils fe fervent de ladite racine en poudre fans aucune preparation, l'ufage de laquelle eft tres-
nuifible à l'eftomac, & ofte mefme
le gouft, & guerit d'un mal pour precipiter bien fouvent dans d'autres auffi
dangereux.

CHAPITRE II.

Extrait d'Ellebore noir.

CEtte preparation servira de mo-delle pour l'extraction de toutes les racines, desquelles la principale substance est un suc dissoluble dans l'eau, comme sont le Mechoacam, la racine d'Esula, le Cocombre sauvage, la Rhubarbe & autres. Prenez une livre de racines d'ellebore noir, seiches ou recentes, pilez les grossierement, & les mettez dans une cucurbite, & versez par dessus cinq ou six livres d'eau de pluye distilée, & couvrez la cucurbite d'un chapiteau aveugle, & la mettez en digestion sur le sable chaud pendant deux jours, puis passez la liqueur par un linge & pressez un peu le marc, sur lequel vous remettrez de nouvelle eau, & le digererez comme devant : Coulez en suite la liqueur & la meslez avec la premiere, & les filtrez & faites éva-

porer dans une terrine, jufques à confiftence d'extrait, lequel vous garderez dans un pot bien couvert.

On fe fert de cet extrait dans toutes les maladies qui proviennent de
la melancholie; On le donne rarement feul, mais on le mefle avec quelque purgatif, parce que pris feul, il
purge violemment par haut & par bas,
mais eftant meflé il ne purge que par
bas; Sa dofe eft depuis douze jufques
à trente grains.

Ces noms d'Ellebores ne doivent
point tellement faire peur ny aux malades ny aux Medecins, qu'on doive
entierement s'abftenir de leur ufage,
puis qu'Hippocrate, qui eft le Prince
de la Medecine, s'en eft fervy fi heu-
reufement, qu'il en a guery les maladies les plus rebelles, & qu'à fon
exemple, nous avons des Autheurs,
comme P. Salius Diverfus, Caftel-
lus & autres, & mefmes quelques modernes encore vivans, qui l'employent
tous les jours avec heureux fuccez de
la maniere qu'ils en fçavent ufer.

CHAPITRE III.

*Extrait d'Angelique & conserva-
tion de ce qu'elle contient de bon.*

METtez dans une cucurbite une
livre de Racine d'Angelique
concaſſée, & verſez par deſſus ſix livres de bon vin blanc, couvrez la cucurbite d'un chapiteau avengle, & la
mettez en digeſtion au bain vaporeux,
pendant deux ou trois jours, puis oſtez le chapiteau aveugle, & mettez
à ſa place un chapiteau à bec ; auquel
vous adapterez un recipient, & luterez bien toutes les jointures : Commencez à diſtiller au bain Marie, &
continuez juſques à ce que vous en
ayez tiré environ trois livres d'eau,
laquelle contiendra tout ce qu'il y
avoit de volatil dans l'Angelique, &
gardez cette eau dans une phiole bien
bouchée : Laiſſez refroidir les vaiſſeaux, coulez & exprimez fort ce
qui reſte dans la cucurbite & paſſez la

liqueur par la languette, pour la clarifier, & la faites évaporer à la chaleur lente du bain Marie dans une terrine, jusques à consistence d'extrait: Calcinez le marc qui reste après l'expression, & le reduisez en cendre, & en faites lexive, laquelle vous filtrerez & évaporerez en sel, que vous joindrez à l'extrait, & les garderez ensemble dans un vaisseau bien bouché. Cét extrait est un vray cordial & bezoardique: Il est aperitif & penetrant, & fait suër; il provoque les menstruës, sert contre les suffocations de matrice, & resiste aux venins & à la peste, & sur tout estant pris dans sa propre eau: Sa dose est depuis dix jusques à trente grains; L'eau ne possede pas moins de vertus que l'extraict ; car elle contient la partie la plus volatile, & la plus noble de cette racine.

On peut en cette maniere tirer l'eau, l'extrait, & le sel de toutes les racines, qui abondent en sel sulphureux & volatil, ce qui se peut connoistre par leur odeur & goust aromatic & ignée : Telles sont la vale-
riane,

riane, l'imperatoire , le meum , la carline , le calamus aromaticus , la ze-
doaria , le galanga , & leurs femblables.

CHAPITRE IV.

Du bois de Rofe.

NOus donnerons feulement deux
exemples de la preparation des
bois , lefquels pourront fervir pour
tous les autres. Le premier fera du
bois de Rofe ou de Rhodes , lequel
contient deux fubftances utiles , l'une
fpiritueufe & aqueufe, & l'autre fulphureufe ou huileufe , & routes lef-
dites fubftances font fort fubriles &
volatiles , d'où vient qu'on les peut
diftiller par le refrigerant : Le fe-
coud fera du bois de Gayac , lequel
contient auffi des fubftances fpiritueufes & huileufes volatiles , mais plus
attachées à leur corps , & n'en peuvent eftre bien feparées que par une
chaleur plus forte , à fçavoir par la

cornuë. Pour le premier, choisissez du plus pesant & du plus odorant bois de Rose, raspé menu, & en mettez quatre livres avec une livre de salpetre commun dans une cruche, & versez par dessus dix livres d'eau de pluye, & les laissez en maceration huit ou dix jours, les remuant de temps en temps; Par ce moyen le sal. petre penetrera les parties sulphureuses de ce bois & les disposera à se détacher: Mettez alors le tout dans la vessie de cuivre, avec encore dix livres d'eau, & la placez dans un fourneau, luy adaptant son refrigerant, avec son recipient; Lutez en bien les jointures, & distillez à feu gradué l'eau spiritueuse & l'huile essentielle, qui sortiront confusement ensemble; Et notez que cette huile va au fonds de l'eau, au rebours de la plus part des autres huiles distillées; Continuez la distillation jusques à ce que l'eau monte insipide, & n'oubliez pas de rafraichir souvent l'eau du refrigerant durant la distillation: Laquelle estant parachevée, separez par inclination l'eau spiritueuse d'avec l'huile, laquelle fera au fonds du recipient en petite quantité, & les gardez à part. L'huile & l'eau fpiritueufe font en ufage principalement pour les parfums, n'eftans employées interieurement, quoy que l'on le pourroit faire fans danger.

Tous les bois qui ont en eux une fubftance fulphureufe odorante & fubtile, comme font le Sandal citrin, le Saffafras, & autres, peuvent eftre diftillez de mefme.

CHAPITRE V.

Du bois de Gayac, & fa reduction en cinq diverfes fubftances.

CEtte feule operation fera voir au Lecteur le moyen de reduire tous les vegetaux en phlegme, efprit, huile, fel & terre. Prenez quatre livres de rafpure de bois de Gayac, mettez les dans une cornuë bien lutée, de graiz ou de verre, & la placez au fourneau de reverbere clos, & adaptez à

la cornuë un grand recipient, sans le
luter, & donnez le feu par degrez; Il
en sortira premierement une eau insipide & phlegmatique, puis un esprit
volatil; mais d'abord qu'il commence
à sortir (ce qui se connoist au goust
picquant) il faut vuider le phlegme,
qui sera dans le recipient, & le garder
à part dans une phiole, & réjoindre
le recipient à la cornuë, lutant en
mesme temps exactement les jointures, pour ne perdre les esprits, lesquels sont fort penetrans, ils ne doivent pas estre pressez par le feu; car
ou ils cherchent à sortir par les jointures des vaisseaux, ou bien ils cassent
le recipient : Et c'est dans cette cy, &
dans toutes les autres distillations des
esprits volatils, que l'artiste a besoin
de patience, & d'adresse, s'il ne veut
laisser eschaper ce qu'il cherche : En-
tretenez le feu dans un estat fort moderé, durant sept ou huit heures, puis
l'augmentez peu à peu ; & le continuez, jusques à ce que tout l'esprit
& l'huile soient sortis : Ces deux substances sortent en mesme temps ; mais
apres que les vaisseaux sont refroidis,

& le recipient defluté, on les peut feparer facilement: Verfez tout ce que
le recipient contient, dans un entonnoir garny de papier à filtrer, & mis
fur une phiole, l'efprit paffera à travers le papier, & l'huile demeurera;
mettez alors l'entonnoir fur une autre
phiole & faites un trou au fonds du
papier, pour faire couler l'huile dans
ladite phiole, dans laquelle vous la
garderez à part. La cornuë contient
encore le refte du bois, reduit en
charbon, lequel il faut mettre fur les
charbons ardents, dans un vaiffeau
ouvert pour le reduire en cendres, defquelles comme de tout autre cendre,
vous tirerez le fel, par elixation, filtration & éuaporation, comme nous
enfeignerons en fon lieu, en donnant
le moyen de bien tirer les fels alkalis
des vegetaux: Apres la feparation du
fel, il vous reftera une cendre infipide,
qu'on appelle terre damnée.

L'efprit peut fans eftre rectifié, fervir à laver les ulceres chancreux, fiftuleux, & rongeans, mais comme il
eft fort mordicant, on le peut temperer avec le phlegme, forty au com-

Dd iij

mencement de la diftillation. On le
rectifie au bain Marie dans une cucurbite , pour s'en fervir interieurement
pour les verolez, car il chaffe ce venin
par les urines & par les fueurs , &
quelquesfois par infenfible tranfpiration: Sa dofe eft depuis vingt gouttes,
jufques à une dragme , dans quelque
decoction fpecifique :   On rectifie
l'huile (quoy qu'en diminuant fa vertu) en la meflant avec de la cendre, &
la mettant dans une cornuë au feu de
fable , on en tire une huile claire, &
privée d'une partie de fon odeur in-
grate , les cendres ayans retenu ce
qu'il y avoit de plus groffier dans
l'huile: On s'en fert contre l'epilepfie,
pour faciliter les accouchemens &
faire fortir l'arriere-faix. Sa dofe eft
depuis trois jufques à fix gouttes dans
quelque liqueur. Elle peut fervir fans
eftre rectifiée , à l'exfoliation des os,
pour guerir les ulceres , & les nodus,
& pour mettre avec du cotton dans les
dents cariées , defquelles elle caute-
rife le petit nerf , & luy ofte fa fenfi-
bilité. C'eft auffi un remede des plus
finguliers qu'il y ait pour les hemor-

rhoïdes , tant internes qu'externes,
& mesme pour les fistules de l'anus &
autres maladies , dans lesquelles le fer
ny le feu ne reuffiffent pas si heureu-
fement que l'usage de ladite huile, par
laquelle quelques particuliers ont fait
des cures tres-confiderables , & acquis beaucoup de reputation. Tous
les bois comme le Genevre , le Buix,
le Tillot , & tous les autres peuvent
eftre diftillez comme le Gayac.

CHAPITRE VI.

*De la diftillation de l'eau fpiritueu-
fe, & de l'huile effentielle
de la Canelle.*

SAns nous arrefter à la defcription
de la canelle, nous nous attache-
rons à la feparation de fes fubftances,
fpiritueufe & huileufe , laquelle preparation fervira d'exemple pour les
autres efcorces aromatiques, comme
de citron, d'oranges , &c. comme
auffi pour les noix mufcates , le gero-
Dd iiij

ſle, le poivre, & autres aromats.
Prenez quatre livre de canelle qui ſoit
de couleur rouge, d'une odeur forte
& ſuave, & d'un gouſt picquant &
un peu aſtringent, concaſſez les en
poudre groſſiere & les mettez dans
une cruche de grais ; Verſez par deſſus
douze livres d'eau de pluye & demye
livre de ſalpetre, pour ayder à penetrer durant la maceration, laquelle
doit eſtre de quatre jours, leſquels fi-
nis, vuidez toute la matiere dans une
veſſie de cuivre eſtamée, adjouſtez
encore douze livres d'eau à la matiere ; Placez la veſſie ſur ſon fourneau,
& adaptez ſon refrigeratoire avec un
recipient, en lutant bien les jointures ; donnez à l'abord un feu aſſez
bon pour ayder à monter l'huile
avec les eſprits, mais non trop violent pour ne les diſſiper ; & cette remarque doit eſtre generale, que les
parties ſulphureuſes ſont aſſez attachées au corps des aromats, & ont
peine de les quitter, mais auſſi ſe diſ-
ſipent facilement lors qu'elles en ſont
détachées : Il faut donc faire en ſorte
qu'en diſtillant une goutte ſuive

promptement l'autre, & continuez
jufques à ce que l'eau qui montera
n'aye plus de force : Ayez foin de rafraichir fouvent l'eau durant la diftillation, afin que les efprits fe puiffent
mieux condenfer fans s'évaporer : La
diftillation eftant finie, feparez l'eau
fpiritueufe de l'huile, laquelle fera au
fonds du recipient, en tres-petite
quantité, car à peine tirerez vous une
demie once d'huile de quatre livres
de canelle, laquelle demie once contient en foy la principale vertu de toute la quantité de canelle, dont elle
eft tirée ; Auffi une feule goutte eft
capable d'empreindre de fa vertu,
une grande quantité de liqueur : Mais
pour la mefler aifement avec les liqueurs, on en fait un *oleofaccharum*,
comme des autres huiles ætherées, en
la meflant avec du fuccre en poudre,
par le moyen duquel elle eft divifée
en particules imperceptibles, lefquelles fe meflent avec l'eau, fans fe pouvoir apres raffembler.

Cette huile provoque les menftruës, hafte les accouchemens, recrée les efprits, aide à la digeftion,

est en usage pour les defaillances, &
pour les maladies de l'estomach, &
de la matrice, qui precedent d'une
cause froide ; Sa dose est une demie
goutte dans quelque liqueur. L'eau
possede presque les mesmes proprietez, mais elle n'agit pas avec tant
d'efficace, sa dose est d'une cueillerée
jusqu'à deux.

Notez que les autres écorces, ou
aromats, rendent une plus grande
quantité d'huile, desquelles la plus
part surnagent l'eau, & on les separe
par une méche de coton, comme nous
enseignerons en la distillation de l'huile d'Absinthe.

On pourroit seicher le marc, & le
reduire en cendres, pour en tirer le
sel alkali, mais comme ces sortes de
sels, ne different gueres en leurs vertus, des autres sels alkalis des vegetaux, nous ne nous arresterons pas à
leur description.

Autre eau de Canelle.

CEux qui ne desirent qu'une bonne eau de Canelle, sans se sou-

cier de l'huile, pour laquelle il faut plus grande quantité de Canelle, la doivent preparer comme s'enfuit. Prenez quatre onces de bonne Canelle bien concaffée, & la mettez dans une cucurbite, & verfez par deffus de l'eau de bugloffe, de borrache & de meliffe, de chacune huit onces, couvrez la cucurbite d'une chappe aveugle, & la mettez à digerer fur une lente chaleur durant deux jours, oftez alors la chappe aveugle, & mettez à fa place un alambic à bec, & diftillez au fourneau de fable, jufques à ce qu'il ne refte fur la Canelle au fonds de la cucurbite qu'environ un tiers de l'humidité, laquelle fera privée de la fubftance fpiritueufe de la Canelle. L'ufage de cette eau n'eft pas differente de la premiere, mais elle eft plus cordiale.

Teinture & extrait de Canelle

PRefque toutes les efcorces contiennent en elles une fubftance refineufe & fulphureufe, qui conftituë leur principale vertu ; Pour feparer

cette substance interne de son corps
grossier, il faut employer des menstruës spiritueux & sulphureux, comme l'esprit de vin, & les esprits ardents des autres vegetaux : Nous donnerons un exemple sur la canelle, qui
servira pour toutes les autres escorces : Mettez dans un matras quatre
onces de bonne canelle bien concas-
sée, & versez par dessus une livre de
bon esprit de vin, adaptez sur ce matras un autre matras, pour faire un
vaisseau de rencontre, & bouchez en
bien les jointures, & les faites digerer durant trois ou quatre jours
par une lente chaleur ; L'esprit de vin
se chargera de la substance de la canelle, & se teindra d'vn beau rouge,
versez & separez la teinture par inclination, & la filtrez & gardez dans
une phiole bien bouchée.

Si vous voulez reduire cette teinture en forme d'extrait, mettez la
dans une petite cucurbite, & la couvrez de son chapiteau, luy adaptant
un recipient, & en lutant bien les
jointures, en distillerez tout l'esprit
de vin, qui sera empreint de la sub-

ſtance volatile de la canelle, & l'extrait demeurera au fonds de la cucurbite en forme de miel.

La teinture recrée les eſprits, fortifie l'eſtomach, ſubtiliſe & reſout les
matieres viſcides, plus que l'eau ſimple de la canelle ; Sa doſe eſt une demie, cueillerée dans quelque liqueur
appropriée.

L'extrait fortifie l'eſtomach plus
qu'aucun autre remede tiré de la canelle, à cauſe qu'il contient en ſoy
une partie du ſel fixe, & le plus ſubtil
de la terre, qui a une vertu reſtricti-
ve. L'eſprit de vin, qu'on retire de
l'extrait, & qui eſt empreint des eſprits de la canelle, peut eſtre meſlé
dans des liqueurs, pour les perſonnes
foibles ; car il eſt tres-agreable, & aide à la digeſtion.

CHAPITRE VII.

Distillation de l'huile ætherée, & du beaume de Terebenthine.

NOus mettons la preparation Chymique des refines & larmes fortans des troncs des arbres, apres celle des efcorces, & commencerons par la diftillation de la Terebenthine. Prenez quatre livres de Terebenthine & les mettez dans une grande cornuë, de laquelle les trois quarts demeurent vuides, placez la au fourneau de fable, & luy adaptez un recipient, & commencez la diftillation par une lente chaleur : Il en fortira premierement un efprit volatil, & une huile fubtile & claire comme l'eau de roche ; mais dés que vous en aurez tiré dix ou douze onces, ne manquez pas de vuider ce qui fera forty dans une phiole, & remettez le recipient, en lutant les jointures; il en fortira une huile jaune, de la-

quelle vous tirerez encore dix ou
douze onces , lefquelles vous vuide-
rez dans un phiole à part , & remettrez le recipient, & augmenterez peu
à peu le feu , pour faire fortir l'huile rouge, laquelle eft le baume ; Et
lors qu'elle commencera à s'efpoif-
fir, ceffez le feu ; car autrement elle
feroit trop craffe , & ce qui refteroit
dans la cornuë feroit en charbon, au
lieu que ne pouffant pas davantage le feu, ce fera de bonne colophone.

L'efprit aqueux meflé avec la premiere huile ætherée, contient en foy
une partie du fel volatil de la Terebenthine , il contient auffi une acidité
capable de diffoudre les pierres; Mais
nous en parlerons plus amplement
dans le Chapitre de la Gomme Ammoniac , laquelle abonde en cette
forte d'efprit plus que les autres larmes & refines.

L'huile ætherée doit eftre feparée
de l'efprit par l'entonnoir : On s'en
fert pour attennuër & refoudre les
glaires des reins & de la veffie ; elle
provoque l'urine, fert aux gonorrhées

& aux ulceres du col de la veffie ; Sa dofe eft depuis cinq jufques à quinze gonttes dans quelque liqueur convenable.

L'huile jaune & la rouge ne different gueres de la premiere ; mais leur odeur forte eft caufe qu'on ne s'en fert gueres que pour l'exterieur, dans les onguents pour les membres atrophiez, pour les tumeurs fchirreufes, & pour les vieux ulceres.

La colophone eft la partie la plus terreftre de la terebenthine, elle confolide & defféche, & fon principal ufage eft dans les emplaftres.

On peut obferver les mefmes circonftances, en diftillant le maftich, l'oliban, la gomme elemmi, le tacamacha, la fandaraque, le ladanum, le ftorax, & le benjoin : Mais comme ce dernier abonde en un fel volatil, lequel fe détache à la moindre chaleur du feu, nous en traiterons en particulier.

CHAP.

CHAPITRE VIII.

De la sublimation des fleurs de Benjoin, & distillation de son huile.

METTEZ quatre onces de beau Benjoin dans un pot de terre verny au dedans, ayant un rebord, & luy adaptez un cornet de papier fort qui joigne bien & qui soit de la hauteur d'un pied, & duquel l'ouverture soit proportionnée au pot, pour le pouvoir embrasser & le lier avec une ficelle autour du rebord du pot, lequel vous placerez au feu de sable, & donnerez petit feu ; car ce sel sulphureux & subtil monte aisément dés que le benjoin commence à se liquifier, continuez le feu au mesme estat, & environ une demie heure apres déliez le cornet, & ramassez avec une plume les fleurs qui seront montées, & substituez promptement un autre cornet que vous

E e

tiendrez preft en levant le premier;
& continuez le feu de mefme, &
rechangez, & ramaffez les fleurs de
demie heure en demie heure, jufques
à ce que vous remarquerez que les
fleurs commenceront à fe charger
d'oleaginofité, alors ceffez le feu, &
amaffez & gardez foigneufement les
fleurs.

Mettez ce qui refte au pot dans
une cornuë de verre, & le diftillez
au feu de fable par degrez; Il en fortira une huile épaiffe & odorante,
qui eft un excellent baume pour les
playes & ulceres.

Les fleurs fe donnent pour les maladies du poulmon & de la poictrine, & pour les afthmatiques; La
dofe eft depuis quatre jufques à fix
grains, dans quelque conferve ou tablette.

CHAPITRE IX.

De la distillation de la gomme Ammoniac.

CEtte gomme provient d'une especepece de ferule, nommée *ammoniacifera*, pour la distinguer des autres especes qui produisent le Galbanum, le Sagapenum, l'Opopanax, & l'Euphorbe, sur lesquelles gommes on peut travailler d'une mesme methode, laquelle mesmes n'est pas differente de celle des resines & larmes : Mais comme ces sortes de gommes sont remplies de beaucoup de sel & esprit volatils, qui constituent leur vertu, nous en traiterons en particulier.

Prenez une livre de belle gomme ammoniac en larmes, & la mettez dans une assez grande cornuë, de laquelle les trois quarts demeurent vuides, car tout aussi-tost qu'elle commence à se liquifier par la cha-

leur elle se gonfle, & luy adaptez un
grand recipient, & en lutez exactement les jointures, & faites la distillation par degrez. Il en sortira une
huile & beaucoup d'esprit, & ce qui
restera dans la cornuë sera fort ra-
refié, noir comme charbon, & de
nulle valeur. Separez l'esprit d'avec
l'huile par un entonnoir garny de
papier, comme nous avons enseigné
cy-devant.

L'esprit possede de tres-grandes vertus, lesquelles ne procedent que du
sel volatil, qu'il contient en soy;
Mais comme il est aussi meslé d'un
acide qui empesche son activité &
diminuë sa vertu, je donneray le
moyen de separer ces deux esprits,
lesquels sont capab'es de produire des
effets tous differents. Prenez une once de coral ou d'yeux d'écrevisse, ou
de quelque autre matiere pierreuse
en poudre, & l'ayant mise dans une
cornuë assez grande, versez par dessus huit onces de cét esprit, placez
la cornuë au fourneau de sable, &
luy adaptez un grand recipient, &
en lutez exactement les jointures,

puis donnez un tres-petit feu, afin
que l'esprit acide s'attache peu à peu
au coral, lequel le retiendra, tandis
que l'esprit sulphureux distillera dans
le recipient, & sortira le premier;
Mais apres luy, montera un phlegme puant, lequel ne doit estre mélé
avec cét esprit, qui se distingue par
son goust picquant; lequel cessant,
vous osterez le recipient, & vuide-
rez & garderez soigneusement ce
qu'il contient dans une phiole bien
bouchée. C'est un grand remede pour
purifier la masse du sang, pour guerir le scorbut, & pour ouvrir toutes
obstructions : On s'en sert aussi contre la paralysie interieurement, &
par dehors de son huile mélée avec
les onguents : Il est aussi propre contre la peste & contre toutes les maladies causées de pourriture : Sa dose est depuis six jusques à vingt gouttes dans quelque liqueur propre.

L'huile resout & ramollit les
schirres & duretez de la rate, dissipe les nodus, & sert aux maladies
hysteriques : Et tous ces beaux effets
proviennent du sel volatil, avec le-

quel elle eſt intimement mélée.

CHAPITRE X.

De la preparation de l'Aloës.

L'Aloës eſt un ſuc tres-amer, qu'on nous apporte de l'Arabie & de l'Egypte en forme ſolide dans des peaux. Le plus impur eſt nommé caballin, le moyen eſt nommé hepatique, & le plus pur & le meilleur eſt nommé ſuccotrin, lequel doit eſtre net, reluiſant, & haut & vif en couleur : Et c'eſt de celuy-cy dont on ſe doit ſervir. Ses principales vertus ſont de purger lentement la pituite, en fortifiant le ventricule, de tuer les vers, & reſiſter à la corruption. On le purifie en le diſſoluant dans des ſucs de roſes, de violettes, ou autres, puis le filtrant & coagulant, comme nous allons enſeigner. Prenez demie livre d'Aloës ſuccotrin, & le mettez dans une cucurbite de verre, & verſez par deſſus une livre & de-

mie de fuc de violettes , couvrez la
cucurbite d'un chapiteau aveugle, &
la mettrez en digeſtion durant quarante huit heures , pendant leſquelles
l'Aloës ſe diſſoudra dans ce ſuc, &
s'il y avoit quelque terreſtrëité elle
tombera au fonds; Verſez la diſſolution par inclination , & la filtrez,
puis la faites évaporer dans une écuelle vernie au bain vaporeux, & la reduiſez en maſſe, de laquelle on puiſſe former des pilulles de la peſanteur
de ſix ou de huit grains , deſquelles
on prent une ſeule , demie heure
avant ſouper, pour laſcher le ventre
doucement, & pour évacuer comme
inſenſiblement les glaires & viſcoſitez du ventricule : Ces pilulles
(qu'on appelle pilulles de Franc-
fort) ne ſont rien autre choſe que
la preparation ſuſdite, leſquelles ſe
font de la groſſeur d'un poix. : On
appelle auſſi cette maſſe *Aloës vio-*
lata, comme on appelle *roſata* celle
qui eſt diſſoute dans le ſuc de roſes.

Extrait Panchimagogue.

NOus inferons la preparation du Panchimagogue, en fuitte de celle de l'Aloës, lequel eſt d'ordinaire la baſe de tous les extraits purgatifs, parce que cette preparation pourra ſervir d'exemple pour celles de tous les autres extraits compoſez.

Prenez pulpe de coloquinthe une once & demie.

Agaric.

Scamonée, de chacun une once.

Ellebore noir deux onces.

Poudre de diarrhodon Abbatis demie once.

Aloës ſuccotrin, deux onces.

Concaſſez l'Ellebore noir, & hachez la pulpe de coloquinthe, & les mettez enſemble dans un matras, & verſez par deſſus de bonne eau de vie, à l'eminence de quatre doigts, & bouchez bien l'orifice du matras, mettez auſſi la poudre Diarrhodon dans un autre matras, & verſez par deſſus de l'eſprit de vin, auſſi à l'eminence de quatre doigts : Hachez
auſſi

l'Agaric , & concaffez la Scamonée,
& les mettez enfemble dans un autre
matras , & verfez par deffus de l'excellent efprit de vin : pour bien extraire leur fubftance refineufe : Gardez
l'Aloës à part , & mettez les trois
matras bien bouchez en digeftion, fur
les cendres chaudes durant trois jours,
pendant lefquels le menftruë fe chargera de la vertu interieure de ces fubftances groffieres : Verfez ces teintures par inclination, chacune à part,
dans des phioles, & remettez de nouveaux menftruës fur les matieres ref-
tées dans les matras, & les remettez
à digerer, & le meftruë tirera à foy
tout ce qu'elles contenoient encore
de bon : Meflez alors toutes vos teintures d'Ellebore, de Diarrhodon, &
de coloquinthe, & y adjoûtez l'Aloës
que vous avez gardé à part, & le faites digerer durant huit heures , à une
chaleur lente, & voftre Aloës fera
diffout, à la referve de quelque ter-
reftreité ; filtrez alors la folution par
le papier gris, comme auffi la teinture d'Agaric & de Scamonée, & les
mettez toutes enfemble au bain Ma-
F f

rie, dans un alambic bien luté, avec son recipient; & retirez par distillation environ les trois quarts de l'esprit de vin lequel pourra servir encore à mesmes usages; Vuidez apres ce qui restera dans l'Alambic dans une escuelle de terre vernie, & achevez de l'évaporer au bain Marie, jusques à une consistance, pour en pouvoir former des pilulles.

C'est un fort bon purgatif, évacuant doucement ce qu'il y a de superflu dans le corps; Sa dose est depuis quinze jusques à trente grains.

On le peut rendre specifique pour les maladies Veneriennes, si on y adjoûte un tiers de Mercure sublimé doux.

CHAPITRE XI.

De la preparation de l'Opium.

L'Opium est un suc condensé du pavot: Le meilleur vient de Thebes, & se tire par incision des testes

de pavot, lors qu'elles font prefques
meures, & celuy-cy eft de beaucoup
preferable au fuc que l'on tire par expreſſion de toute la plante, lequel
on appelle Meconium ; Mais comme
le premier eft fort rare, on fe fert du
fecond, lequel on choiſit noiraftre,
compacte, d'une odeur faſcheuſe, &
foporifere, acre & amer au gouft,
inflammable au feu, fans qu'il faſſe
une flamme noire, diſſoluble dans
l'eau, & fa folution doit eftre brune
& non jaune, & eſtant rompu, doit
eftre luifant au dedans. Sa plus facile
& meilleure preparation eft telle.
Coupez-le en petites tranches fort
minces, & les eftendez dans une efcuelle platte de terre vernie, & la
mettez fur un petit feu de charbon, &
remuez fouvent l'Opium, lequel fe
ramollira au commencement, & peu
à peu fe rendurcira : Il faut continuer
le feu, jufqu'à ce qu'il devienne friable entre les doigts, & cependant
faut éviter les fumées nuifibles, qui
proviennent du foulphre Narcotique,
puant, & malin de l'Opium. Mettez
l'Opium ainſi torrifié dans un matras,

& verſez deſſus de la roſée diſtillée de
May juſqu'à l'éminence de quatre
doigts, bouchez le matras, & le mettez en digeſtion au bain Marie, durant quatre jours, pendant leſquels
le menſtruë ſe chargera de la meilleure ſubſtance de l'Opium, & ſe teindra d'un rouge brun : Verſez la teinture dans un autre vaiſſeau, & remettez d'autre roſée diſtillée ſur la matiere reſtée, pour achever d'extraire ce
quelle contient de pur, puis filtrez le
tout, & le faites évaporer au bain
Marie, juſqu'à conſiſtence d'extrait:
Vous aurez par ce moyen un Opium
bien preparé, & délivré de ſon ſoulphre Narcotique, & de toute terreſ-
tréité, duquel vous vous pourrez ſervir aux occaſions eſquelles ſon uſage
eſt requis.

Ses principales vertus ſont d'appaiſer les eſprits irritez, de provoquer le
ſommeil, d'arreſter les fluxs immode-
rez du ventre, & d'addoucir l'acrimonie des humeurs : On s'en ſert apres
les remedes generaux, contre les flu-
xions de poictrine, contre les maladies hyſteriques, & pour appaiſer les

douleurs des goutes, & autres douleurs internes, pris par la bouche, &
appliqué par dehors : Sa dose est
depuis un demy grain, jusqu'à deux
grains.

Les Autheurs donnent diverses des-
criptions de Laudanum, qui est ce
qu'on appelle preparation de l'O-
pium, lequel les uns preparent avec
le vinaigre ou autres acides ; mais les
acides ayans une contrarieté avec la
partie sulphureuse volatile & saline
interne, qui donne sa principale vertu à l'Opium, au lieu de le corriger
comme on pretend avec ces acides,
on le destruit tout à fait ; C'est pourquoy les plus sensez & plus habiles
devroient le preparer avec le vin mus-
cat preferablement à toute autre liqueur, d'autant que les natures semblables se conjoignent facilement :
puis separer par inclination la teinture, & la faire évaporer à un feu
doux en consistence d'extrait. D'autres en font l'extrait avec l'esprit de
vin, lequel ils retirent ensuitte par
distillation : Mais comme l'esprit de
vin s'vnit intimément avec les parties

de l'opium , lefquelles conviennent avec fa nature fulphurée, il les enleve avec foy dans l'abftraction ; & ce qui refte au fonds , n'eft qu'une fubftance terreftre privée de fes principales vertus : Ce qui n'arrivera pas en fe fervant de la rofée , qui eft un menftruë leger & fubtil, s'évaporant facilement à la moindre chaleur, fans rien emporter de la vertu du corps, avec lequel elle a efté mélée. Ie recommande donc au Lecteur cette fimple preparation, de laquelle il fe peut fervir comme d'un bon laudanum, lequel il peut rendre fpecifique contre les irritations de la matrice , par l'addition de quelque goutte d'huile de fuccin , ou le rendre fpecifique contre d'autres maladies , en le mélant avec des remedes appropriez, ou des vehicules convenables.

Il eft à remarquer qu'il ne faut pas méprifer les feces , & ce qui refte du plus terreftre de l'opium , apres en avoir tiré la teinture ou l'extrait ; par ce que c'eft de la portion groffiere dudit Opium , que l'on fe doit fervir, pour arrefter les flux de ventre & d'u-

rine, dyſenterie, gonorrhée & autres maladies ſemblables, pourven
que ledit remede ſoit employé par un
Medecin ſage & diſcret, & apres les
remedes generaux.

CHAPITRE XII.

Des feüilles & leur preparation.

LEs Feüilles, tiges, ou autres parties des plantes contiennent en elles des diverſes ſubſtances, & different outre cela dans leur mélange naturel, en ce que l'un ou l'autre principe predomine aux unes ou aux autres: Et c'eſt ce qui nous oblige à en
donner pluſieurs exemples, pour faire
comprendre leur diverſe preparation
ſuivant la diverſité de leurs principes
predominans. Nous traiterons premierement de celles qui abondent en
phlegme, & qui ſont preſques inſipi-
des, comme ſont le pourpier, la lai-
ctuë, la parietaire, la morelle, &c.
Secondement, de celles qui contien-

F f iiij

nent auſſi beaucoup de phlegme, &
un ſel tartareux, (qui leur donne un
gouſt acide) leſquelles n'ont point
d'odeur, comme ſont les eſpeces d'o-
zeille, & leurs ſemblables : En troiſiéme lieu, celles qui ont un gouſt
amer, & abondent en ſel nitreux &
tartareux, & ne ſont pas odorantes,
comme ſont le charbon benit, la chicorée, l'houblon, la fumeterre, &c.
En quatriéme lieu, celles qui abondent en eſprit volatil ſulphuré, comme les creſſons, le ſcordium, les eſpeces de moutarde, le cerfeüil, la cochlearia, &c. En cinquiéme lieu, celles qui abondent en une ſubſtance ſulphureuſe, ſubtile & ætherée comme
ſont la marjolaine, le roſmarin, la
ſauge, le thym, l'origan, & une infinité d'autres. Nous donnerons donc
cinq exemples, leſquels ſerviront en
general pour tirer de toutes les plantes ce qu'elles contiennent de bon.

CHAPITRE XIII.

De la Laïctuë.

LA Laïctuë & les autres herbes qui font approchantes de fa nature, eft propre à en tirer ce qu'elle a de bon , lors que fes feüilles font pleines de fuc & preftes à monter en tige. Pilez une bonne quantité de Laïctuës dans un mortier de marbre, tirez en le fuc, & le laiffez raffeoir durant quelques heures , afin que ce qui eft le plus groffier s'affaiffe ; verfez ce qu'il y aura de plus clair dans une cucurbite de verre ; ce qui fera environ les deux tiers de tout voftre fuc , l'autre tiers reftant comme feces inutiles pour la diftillation , & que l'on referve pour autre ufage : de forte que fi vous avez neuf à dix livres de fuc, vous en prendrez environ fix livres d'eau , que vous diftillerez au feu de fable ; laquelle eau fera fans comparaifon meilleure que celle que

la plufpart des Apotiquaires avari-
cieux ou ignorans tirent avec addition
de beaucoup d'eau par le refrigerant
de cuivre, laquelle ne peut avoir autres qualitez que celles qu'elle tite du
cuivre, & par confequent tres-nuifi-
bles, & il vaudroit beaucoup mieux
donner aux malades de l'eau de fontaine que des eaux ainfi diftillées.

Prenez donc le fuc qui refte dans la
cucurbite, le faites paffer par le blanchet, pour le clarifier, & le faites
évaporer jufques à confiftence de rob,
auquel vous pouvez adjoûer un peu
de fucre, pour le mieux conferver;
On peut fe fervir de ce rob diffout
dans fa propre eau, & en faire des
juleps fomniferes & refrigerans dans
les maladies bilieufes : Sa dofe eft
depuis une dragme jufques à deux
dans cinq ou fix onces de fon eau; ces
fortes de juleps feront beaucoup
mieux que ceux dans lefquels on méle plufieurs onces de fyrops, le fucre
defquels peut caufer des nouvelles fermentations.

*Autre diſtillation de Laictuës, & des
autres herbes ſucculentes.*

LE grand uſage des eaux diſtillées,
a obligé les Artiſtes d'inventer
une ſorte de chauderon eſtamé , large
& plat , ſur lequel ils mettent un
grand alambic d'eſtain fin , (ce qui
eſt tollerab'e) & non pas de plomb,
comme font la pluſpart , lequel doit
eſtre proportionné au chauderon,
dont nous ferons la deſcription , &
de ſon fourneau , le plus clairement
qu'il nous ſera poſſible.

Faites baſtir un fourneau de brique,
carré au dehors , & rond au dedans,
& qui aye en haut environ deux pieds
de diametre , & quatre trous ou regiſtres aux quatre coins, & qui aye ſon
cendrier, ſa grille, & ſon foyer, &
meſme qui ſoit fait en forme de hotte
depuis la grille juſques au haut, pour
mieux ménager le feu : Le fourneau
eſtant ainſi diſpoſé , faites faire un
chauderon de plaques de fer , qui aye
le fonds du plat, & qui ſoit de la hauteur de ſix à ſept poulces , avec un pe-

tit rebord, & qui aye la largeur proportionnée au diametre du fourneau,
toutesfois qu'il ne se joigne pas tout
à fait aux parois du fourneau, afin
que la chaleur se puisse communiquer
à l'entour; mettez aussi deux barres
de fer en travers dans le fourneau environ huict ou neuf poulces au dessus
de la grille, pour supporter le chauderon de fer, lequel vous placerez
dans le fourneau, & le luterez à l'entour du rebord, afin que le haut du
fourneau soit exactement fermé, à la
reserve des quatre regiftres : Cela estant fait, ayez aussi un chauderon de
cuivre estamé, qui soit plat au fonds,
& large à proportion du chauderon
de fer, afin qu'il y puisse entrer, sans
pourtant toucher les parois que d'un
demy poulce tout autour ; Il ne faut
pas que ce chauderon aye plus de huit
à dix poulces de haut : C'est dans ce
vaisseau que l'on met les herbes que
l'on veut diftiller : Il faut avoir un
chapiteau d'estain fin fait en forme de
dome sur ce chauderon, & lors que
vous voulez diftiller quelque herbe,
mettez premierement du sable à la

hauteur d'un poulce & demy dans le
fonds du chauderon de fer, puis placez deſſus ce ſable le chauderon de cuivre, & le rempliſſez preſque tout à
fait des feüilles entieres; couvrez-le
de ſon chapiteau, auquel vous adapterez un recipient, & donnerez le feu
peu à peu, juſques à ce que l'eau diſtil-
lera goutte à goutte, puis l'entretien-
drez au meſme degré, juſques à ce que
toute l'humidité des feüilles ſoit reduite en vapeurs, & condenſée en eau,
& que les feüilles ſoient arides à ſe
pouvoir mettre en poudre : Vous tirerez de l'eau, qui ſera empreinte de
l'odeur & de la vertu de la plante; car
le ſable interpoſé empeſche l'action
violente du feu, lequel autrement brû-
leroit trop les herbes, & feroit que
l'eau ſentiroit le brûlé : Cét inſtrument
eſt propre non ſeulement à tirer les
eaux des herbes ſucculentes, (excepté
les acides) mais auſſi des fleurs comme roſes, lys, nymphæa, papaver
rhæas, & autres. On peut brûler les
herbes qui reſtent apres la diſtillation,
& les reduire en cendres, & en tirer le
ſel; mais comme les plantes ne contien-

nent gueres de fel, jufques à ce qu'elles foyent en leur parfaite maturité, c'eft à dire entre fleur & femence, nous ne confeillons pas de chercher le fel fixe des feüilles tendres. Cét inftrument avec fon fourneau eft reprefenté dans la troifiéme Table.

CHAPITRE XIV.

De la diftillation de l'Ozeille.

COmme toutes les Ozeilles abondent en phlegme, & fel effentiel acide, nous donnerons le moyen de feparer ces deux fubftances. Prenez une bonne quantité d'Ozeille, tandis que toute fa vertu eft dans les feüilles, & tirez-en le fuc, lequel vous laifferez raffoir un jour, afin que les impuretez groffieres defcendent au fonds; Verfez le plus clair dans une ou plufieurs cucurbites de verre, & diftillez en environ les deux tiers par le bain Marie & confervez l'eau; Faites paffer par le blanchet le fuc qui refte au

fonds des cucurbites pour le purifier,
puis le mettez dans une cucurbite , &
achevez d'en tirer l'humidité fuperfluë au bain Marie jufqu'à ce que ce
qui refte au fonds foit en confiftence
de rob ; Mettez pour lors la cucurbite
à la cave durant quelques jours, au
bout defquels , vous trouverez uñe
partie du fuc converty en fel , qui aura
une figure femblable au tartre ; Separez par inclination la liqueur qui furnage , & feichez le fel effentiel ; Faites encore un peu évaporer cette liqueur , & la remettez à la cave, & il
s'en criftalifera encore une partie en
fel lequel vous mettrez avec le premier ; Et comme ce fel fera encore
chargé d'impuretez, il le faut diffoudre dans fa propre eau diftillée, le filtrer, & faire évaporer , & criftalifer,
comme devant , & on aura le fel effentiel de cette plante, dans lequel re-
fide fa principale vertu ; Ce fel ouvre
les obftructions du foye & de la ratte,
refifte à la pourriture, eftanche la foif
reveille l'appetit , & fortifie l'eftomach : On s'en peut fervir avec fuccez dans toutes les fiévres ; Sa dofe

est depuis vingt grains jusques à une dragme, dans sa propre eau, ou dans un boüillon. Si on veut on peu évaporer le suc en consistence d'extrait, lequel aura presque les mesmes vertus.

CHAPITRE XV.

Du Chardon benit.

LE chardon benit, & toutes les autres especes de chardons, comme aussi la fumeterre, la chicorée, & leurs semblables, qui n'ont presque point d'odeur, & sont d'un goust amer tirant sur l'acerbe, contiennent beaucoup de phlegme, & de sel essentiel, nitreux, & nous montrerons la separation de ces deux substances, rejettans les autres comme de peu d'utilité.

Ayez une bonne quantité de chardon benit, lors qu'il sera prest à monter en tige, lequel vous pilerez dans un mortier de marbre, & en tirerez le
suc,

suc, le laisserez rassoir, puis le distillerez comme nous avons enseigné
au Chapitre precedent, & vous en
tirerez une eau, laquelle aura toutes
les proprietez qu'on attribuë à ces
sortes d'eaux. Le suc qui reste dans
le fonds des cucurbites, doit estre
clarifié, & évaporé, jusques à consistance d'extrait, ou si l'on en veut
faire le sel essentiel, il faut proceder
comme avec le suc d'Ozeille, & on
aura un sel qui aura un goust approchant de celuy du Nitre, mais il ne
sera pas si transparent; car il retient
toûjours quelque viscosité noirastre
de son extrait, de laquelle on le
peut separer, & le purifier, en le
dissoluant dans sa propre eau distillée,
& le faisant passer sur un entonnoir
par le papier gris, dans lequel on aura mis un peu de cendres du chardon
benit; puis l'évaporant jusques à la
pellicule, & le mettant à la cave à
cristaliser on aura un sel qui ressem-
blera entierement au salpétre, quant
à la figure & au goust, & mesme il
brûle comme le salpétre, en le mettant sur le charbon ardent; Ceux qui

G g

ne veulent tirer qu'une eau de chardon benit, diſtilleront les feüilles au
feu de ſable, dans l'inſtrument que
nous avons deſcrit, dont la figure eſt
repreſentée en la troiſiéme Table, ils
obtiendront une excellente eau, doüée
de plus grandes vertus que celle que
l'on tire par le bain Marie, car la
chaleur du ſable eſtant plus active fait
monter une partie du ſel volatil con-
fuſément avec l'eau phlegmatique,
& la rend plus vertueuſe. La vertu
du ſel eſſentiel eſt grande dans les fiévres chaudes, & dans les maladies
contagieuſes, car il pouſſe puiſſamment
le venin hors du centre par les ſueurs,
La doſe eſt depuis ſix juſques à trente grains.

CHAPITRE XVI.

De la diſtillation du Creſſon.

LEs plantes ſucculentes, leſquelles contiennent beaucoup de ſel
eſſentiel, ſulphureux, & volatil,

comme font les creſſons, le becabun-
ga, le cerfeüil, la cochlearia, & une
infinité d'autres de cette nature,
pourront eſtre diſtillées & reduites
en extrait, ou ſel eſſentiel, de meſme que les plantes deſquelles nous
venons de traiter; Mais comme leur
principale vertu, ne conſiſte qu'en
une ſubſtance ſpiritueuſe & ignée,
nous enſeignerons le moyen de la ſeparer. Prenez une grande quantité de
creſſon aquatique; dés-lors qu'il commence à fleurir, qui eſt le temps auquel il eſt dans ſa plus grande force, & n'attendez pas qu'il ſoit tout
à fait en fleur, ou qu'il commence
à ſécher, parce que pour lors toute
ſa vertu ſe concentre à la ſemence,
dans laquelle les eſprits ſe renfer-
ment, & n'en peuvent eſtre facilement tirez par la fermentation, comme on peut faire tandis que ſa vertu
eſt encore dans les feüilles : Mondez
bien le Creſſon, & le pilez dans un
mortier de marbre, & notez qu'il
faut du moins quarante livres peſant
de cette herbe; car ſi la quantité
neſt pas ſuffiſante, l'eſprit fermen-

tatif ne peut pas eſtre reduit de puiſſance en acte , & la plante ſe pour-
riroit ou aigriroit pluſtôt que de venir à la fermentation : Mettez donc
une quantité ſuffiſante de feüilles pi-
lées , dans un tonneau foncé d'un
ſeul coſté , & verſez deſſus de l'eau
chaude à y pouvoir tenir la main
ſans brûler , environ le double de la
quantité des feüilles , & meſlez le
tout avec un baſton : Couvrez tout
incontinent le tonneau de ſon autre
fonds ; avec des draps doubles par
deſſus, pour conſerver les eſprits le
mieux qu'il ſera poſſible ; Laiſſez le
ainſi une demie heure , ou un peu
plus , adjouſtez-y encore trois fois
autant d'eau, comme vous aviez mis
auparavant , afin qu'il y aye environ
huit fois autant d'eau comme il y a
de feüilles ; mais il faut que la derniere eau ſoit moins chaude que la
premiere : Mettez y en meſme temps
environ trois ou quatre livres de la
leveure de bierre , & remuez le tout
avec un baſton , couvrez à l'abord
exactement le tonneau , lequel ne
doit eſtre remply qu'à demy , & le

laiſſez en un lieu temperé, mais pluſtôt chaud que froid ; car le grand froid empeſche l'action des eſprits internes des choſes : Vous verrez qu'au bout de trois ou quatre jours toute la ſubſtance groſſiere de l'herbe ſera montée au deſſus de la liqueur en forme d'une crouſte ; Prenez bien garde en ce temps-là que tout auſſitoſt que cette ſuſtance materielle ou crouſte commence à ſe rompre & à s'affaiſſer , vous ſoyez preſt à diſtiller le tout avant que les eſprits s'évanouïſſent : Mettez le tout dans une grande veſſie de cuivre à diſtiller de l'eau de vie , & diſtillez en par un feu gradué & doux au commencement tout l'eſprit qui ſera meſlé avec beaucoup de phlegme ; c'eſt pourquoy il faut rectifier l'eſprit dans l'inſtrument deſcrit dans la premiere figure qui ſert à rectifier l'eſprit de vin, & vous le priverez par ce moyen tout à fait de ſon phlegme , & vous aurez un eſprit tres-pur & inflammable comme celuy du vin.

L'eſprit de creſſon , & celuy des autres plantes antiſcorbutiques en general refoluent & volatilifent toutes les matieres fixes & tartarées : On les peut donner non feulement contre le fcorbut, mais contre les maladies qui proviennent de la corruption du fang, lequel ils purifient & fubtilifent par leur vertu pénétrante plus que tout autre remede. Leur dofe eft depuis vingt gouttes jufques à une dragme dans quelque vehicule convenable.

CHAPITRE XVII.

De la diftillation de l'Abfinthe.

Toutes les plantes odorantes, comme font l'Abfinthe, le thym, la marjolaine, la fauge, le rofmarin, & une infinité d'autres, peuvent eftre fermentées de la mefme maniere que le creffon : Mais comme leur principale vertu confifte en une fubftance fulphurée & fubtile qui furnage l'eau, nous enfeignerons le moyen de la tirer & feparer. Pre-

ſiez une bonne quantité de ſommitez
d'Abſinthe lors qu'il eſt entre fleur
& ſemence ; qui eſt le temps de la
perfection des plantes aromatiques ;
coupez-le menu, & le contuſez dans
un mortier de marbre, puis le mettez dans la veſſie de cuivre eſtamée,
& verſez par deſſus une bonne quantité d'eau, afin que l'Abſinthe ſoit
bien détrempé ; ne rempliſſez la veſſie qu'à demy, & la couvrez de ſon
refrigerant ou de ſa teſte de more,
puis donnez le feu par degrez ; Mais
lors que les gouttes commenceront
à ſortir, pouſſez le feu aſſez vive-
ment, en ſorte qu'une goutte touche
preſque l'autre, & continuez le feu
de meſme juſques à ce que l'eau qui
ſortira ſoit comme inſipide : Vous
trouverez dans le recipient quantité
d'eau ſpiritueuſe, ſur laquelle nagera
quelque peu d'huile, laquelle vous
ſeparerez de l'eau comme s'enſuit :
Faites en ſorte que le recipient ſoit
plein juſques à l'orifice, & attachez
au col du recipient une phiole avec
de la fiſſelle, puis introduiſez une
petite meche de cotton dans l'orifice

de la petite phiole, & la plongez en
mefme temps de l'autre bout dans
l'huile, laquelle furnage l'eau dans
le recipient ; la meche attirera en
mefme temps l'huile, laquelle fuivant ladite meche, tombera goutte
à goutte dans la petite phiole : Il
faut de temps en temps mettre quelque peu d'eau dans le recipient, afin
que l'huile foit toûjours élevée, &
touche le bord de l'orifice du recipient, & continuer ainfi jufques à
ce que toute l'huile foit feparée, laquelle vous garderez foigneufement
dans une phiole bouchée. Ces fortes
d'huiles contiennent prefque toute la
vertu des plantes defquelles elles font
tirées : Les eaux diftillées apres la
feparation des huiles, contiennent
auffi quelque chofe de bon, & on
les peut conferver pour s'en fervir
au befoin.

CHAP.

CHAPITRE XVIII.

De la preparation du Sel fixe ou Alkali d'Abſinthe.

EN traitant des feüilles , nous monſtrerons la preparation de leur ſel fixe , & nous nous ſervirons de l'Abſinthe pour un exemple ge-neral. Ayez une grande quantité d'Abſinthe coupé prés de la racine, & cüeilly lors qu'il eſt en ſa grande force, mondez le bien , & le faites ſécher à l'ombre , puis le brûlez & reduiſez en cendres : Faites en lexi-ve avec de l'eau chaude , & remettez de nouvelle eau chaude ſur leſdites cendres tant que l'eau aye tiré à ſoy tout le ſel ; jettez les cendres qui reſteront comme inutiles , (horſmis que vous en vouluſſiez faire des cou-pelles) filtrez la lexive, & la faites évaporer juſques à ſiccité : Vous trouverez au fonds du vaiſſeau un ſel griſaſtre , lequel ſera fort ignée, mais il contiendra encore beaucoup d'impureté, c'est pourquoy il le faut calciner dans un creuset à feu violent, & le remuer continuellement avec une spatule de fer, afin qu'il ne se fonde pas, & le tenir tout rouge durant une bonne heure ; puis le laissez refroidir, & le dissoluez dans de l'eau de pluye, ou dans sa propre eau distillée. Filtrez la solution, & la faites évaporer jusques à siccité, vous aurez un sel blanc comme de la neige, lequel il faut garder dans une phiole bien bouchée, autrement il se resout en liqueur par l'humidité de l'air.

Les principales vertus du sel d'Absinthe, & generalement de tous les autres, sont d'ouvrir les obstructions, d'attenuer les matieres crasses, d'inciser les viscides, & d'évacuer les pourries : Ils sont diuretiques & diaphoretiques : La dose est depuis dix jusques à trente grains dans quelque boüillon ou autre liqueur propre.

CHAPITRE XIX.

Des fleurs.

TOutes les fleurs font ou fans
odeur, comme le nymphæa, ou
ont une odeur fuperficielle, comme
le jafmin, la violette, &c. ou ont
une odeur forte ou aromatique, comme la rofe, la fleur de rofmarin, &c.
Celles qui font fans odeur peuvent
eftre diftillées & purifiées en extrait,
de mefme que nous avons enfeigné
au Chapitre XIII. des feüilles; Celles qui ont une odeur legere & fuperficielle, ne peuvent fouffrir la
moindre chaleur, fans que leur odeur
& leur teinture, & par confequent
leur vertu s'évanoüyffent; C'eft pourquoy les Chymiftes ont trouvé le
moyen de conferver l'odeur de ces
fortes de fleurs, en les ftratifiant
avec du cotton imbibé d'huile de ben,
laquelle huile eftant fuffifamment
empreinte de l'odeur des fleurs eft fe-

parée du cotton par expreſſion ; mais
comme cette façon de faire eſt connuë de tous les Parfumeurs , nous ne
nous y arreſterons pás. Les fleurs leſquelles ont une odeur aromatique,
peuvent fournir à la Medecine divers remedes : Par exemple, la roſe
peut eſtre diſtillée de meſme que les
feüilles ou herbes , ſoit par le bain
Marie ou par le ſable dans l'inſtrument que nous avons deſcrit au XIII.
Chapitre ; Elle peut eſtre fermentée
comme le creſſon , & rendre un eſprit ardent tres-odorant ; On en peut
auſſi tirer une huile, laquelle ſurnage
l'eau de la meſme maniere que celle
de l'Abſinthe. Nous renvoyons le
Lecteur aux preparations , que nous
en avons deſcrites , ſuivant leſquelles
il peut travailler non ſeulement ſur
la roſe , mais auſſi ſur toutes ſortes
de fleurs odorantes. On diſtille auſſi
quelquesfois des fleurs odorantes,
avec addition de quelque menſtruë,
lequel puiſſe relever & augmenter
leur vertu , comme l'on procede en
preparant l'eau de la Reyne de Hongrie , comme s'enſuit.

Eau de la Reyne de Hongrie.

PRenez deux livres de fleurs de
Rosmarin cueillies en un temps
sec & le matin, & les mettez dans
une cucurbite, & versez par dessus
trois livres de bon esprit de vin ;
couvrez la cucurbite d'un alambic
aveugle, lutez en bien les jointures,
& la mettez à digerer au bain vaporeux par une chaleur lente durant
vingt-quatre heures, ou bien au Soleil durant trois jours, puis ostez
l'alambic aveugle, & mettez à sa
place un alambic à bec ; lutez-en
bien les jointures, & distillez au bain
Marie tout ce qui pourra monter, &
vous aurez une eau tres-excellente :
Et quoy que ses vertus soient assez
connuës, nous en dirons les principales, qui sont de fortifier le cerveau, tant prise par la bouche que
tirée par le nez, & en frottant les
tempes & sutures ; de fortifier l'estomac, aider à la digestion, dissiper les
coliques, & en preserver en prenant
une demie cueillerée dans quelque

peu de boüillon tiede, ou autre liqueur convenable, & continuant l'u-
sage durant quelques jours, ou du
moins deux fois la semaine : On s'en
sert aussi contre la surdité ou bruit
des oreilles, tant par la bouche que
tirée par le nez, & mise dans les
oreilles avec du cotton ; comme aussi
pour les douleurs de teste, pour toutes contusions, tant externes que penetrantes jusques à l'interieur, la
prenant comme dessus, & s'en frottant exterieurement ; Elle est aussi
tres-propre pour les paralysies, apoplexies, gouttes & douleurs froides,
pour toutes brûlures, deffaillances &
palpitations de cœur, tant interieurement, qu'appliquée sur l'estomac
avec des rosties imbibées d'icelle, &
est generalement propre en toutes
occasions où il est necessaire d'échauffer, fortifier, éveiller & conserver la
chaleur naturelle.

CHAPITRE XX.

Des fruits.

LA principale vertu des fruits confiſtant en leur ſuc, nous en enſeignerons la preparation, & choiſirons pour exemple le ſuc de la vigne, & tout ce qui en provient, tant le vin, que le vinaigre, & le tartre, Et en commençant par le vin, nous dirons que c'eſt un ſuc de raiſins, appellé mouſt en premier lieu & avant la fermentation, contenant en ſoy beaucoup d'eſprit, lequel par ſa propre vertu, ſe reduit de puiſſance en acte, & en ſe fermentant ſe change de mouſt en vin, & ſe conſerve long-temps dans cét eſtat, juſques à ce que l'eſprit s'eſtant rendu fort volatil par la fermentation, s'eſt en partie évaporé; Et lors que cét eſprit, lequel contient en ſoy la partie ſulphureuſe, mercurielle & plus ſubtile, à delaiſſé le vin, ce qui reste s'en aigrit & est appellé vinaigre ; Lequel pourtant, quoy que privé de son principal esprit, ne laisse pas de se conserver long-temps, par la grande quantité de sel fixe qui luy reste. Nous pourrions nous estendre sur tous les divers changemens, qui arrivent au moust, jusques à ce qu'il devienne vinaigre, mais comme plusieurs Autheurs ont traité amplement de la Fermentation, nous y renvoyons le Lecteur, & ne parlerons icy que des preparations qui se font sur le vin, sur le vinaigre, & sur le tartre.

De la distillation du vin.

METtez soixante pintes de bon vin dans une vessie de cuivre, & la couvrez de sa teste de more, ou de son refrigerant, & en distillez environ la sixième partie, ou bien continuez la distillation jusques à ce qu'il ne monte plus d'esprit, lequel monte toûjours le premier dans toutes les liqueurs fermentées & vineuses ; mettez cét esprit dans

une bouteille, & la bouchez bien.
Ce premier efprit ainfi preparé eft
nommé eau de vie. Ce qui refte dans
la veffie, peut eftre évaporé jufques
à confiftence de miel, & eftre mis
dans une cornuë, pour en retirer premierement une eau phlegmatique,
fecondement un efprit, & en troifiéme lieu une huile foëtide; & ce
qui refte dans la cornuë peut eftre
calciné & reduit en cendres, defquelles on peut feparer le fel fixe al_
kali de la terre damnée, de mefmes
que l'on fepare le fel des cendres des
autres vegetaux. I'ay voulu mettre
cette operation pluftôt pour fatisfai-
re les curieux, que pour l'utilité
qu'on en tire.

Rectification de l'eau de vie en Ef-prit, ou Alkool.

L'Eau de vie eftant meflée de
beaucoup de phlegme, lequel
elle enleve avec elle dans la diftillation premiere, on eft obligé de la
rectifier deux ou trois fois, avant
qu'elle foit reduite en pur efprit. On

l'a mer dans une cucurbite de verre,
& on en diftille par l'Alambic
au bain Marie environ la moitié,
laquelle moitié on rectifie encore
une , ou deux, ou autant de fois
qu'il faut pour dépoüiller entierement l'efprit de fon phlegme : Ce que
l'on peut connoiftre , lors qu'ayant
mis de cét efprit dans une cueillere,
& l'ayant allûmé , il brûle tout à
fait, fans laiffer aucune humidité, où
y ayant mis un peu de cotton parmy , il le brûle & reduit en cendres;
mais la meilleure épreuve eft , fi
ayant mis au fonds de la cueillere un
peu de poudre à canon , & verfé
par deffus , & allumé de cét efprit,
iceluy eftant confumé la poudre s'en-
flamme : ce qui témoigne n'y avoir
dans l'efprit aucun phlegme, lequel auroit empefché la poudre de s'allumer:
Or comme la rectification de cét efprit eft penible, eftant d'ailleurs neceffaire d'en avoir une grande quantité
pour les operations Chymiques , les
Artiftes ont inventé un inftrument,
par lequel ils rectifient l'efprit de vin
par une feule diftillation , & nous

renvoyons le Lecteur à la figure que
nous en avons donnée dans la premiere Partie de ce Livre. Nous n'au-
rons pas beaucoup de peine de faire
connoiftre l'excellence de cét efprit,
l'ufage duquel eft fi frequent, tant
pour l'interieur que pour l'exterieur,
que perfonne ne l'ignore; Outre cela il fert à une infinité d'operations
dans la Chymie, pour tirer les extraits, ou fubftances fulphurées fubtiles, tant des vegetaux, que des animaux & mineraux.

Efprit de vin camphoré.

PRenez efprit de vin rectifié huit
onces.
Camphore, une dragme.
Saffran, un fcrupule.
Mettez le Camphre & le Saffran en
poudre, & verfez l'efprit de vin par
deffus. C'eft un bon remede pour les
goutteux. Pour s'en fervir, il faut
tremper un linge chaud dedans & le
mettre fur la partie affligée. On en
peut ufer auffi pour le mal des dents,
mais il faut encore y adjoûter du bois

de gayac une once , racine pyreftre
deux dragmes.

Efprit de vin tartarifé.

L'Efprit de vin tartarifé, n'eft autre
chofe qu'un efprit de vin purifié
au plus haut point, & dépoüillé entierement de fon phlegme , par le
moyen du fel de tartre, lequel retient
à foy tout ce que l'efprit de vin pouvoit encore contenir de phlegmatique;
Prenez une livre de fel de tartre bien
fec, & le mettez dans une cucurbite,
& verfez par deffus quatre livres de
bon efprit de vin, couvrez la cucurbite de fon alambic, adaptez un recipient , & en lutez bien les jointures, puis diftillez au bain Marie l'efprit, lequel aura laiffé tout fon phlegme dans le fel de tartre; C'eft pourquoy il eft tres-propre pour tous ufages , tant interieurs qu'exterieurs,
agiffant avec beaucoup plus de force
que l'efprit de vin ordinaire , à caufe
de fa plus grande pureté; Cét efprit
eft fort employé pour la preparation
de plufieurs beaux arcanes , & fur tout

dans l'extraction des teintures. Cela
a donné envie à plusieurs Artistes de
passer outre, & rechercher la reduction de cet esprit de sel volatil, par
la privation de son aquosité superfluë,
suivant ce que Van-Helmont en dit
dans son Traité intitulé, *Aura Vi-
talis*, où il dit qu'une livre d'esprit de
vin imbibé dans le sel fixe de tartre,
rendra une demie once de sel, & que
tout le reste n'est qu'une eau insipide:
Mais comme quantité de personnes
curieuses, se sont amusées à vouloir
arrester ce sel contenu dans l'esprit
de vin, avec le sel fixe du tartre, sui-
vants les mots de cét excellent Philo-
sophe, (lequel non seulement en cela, mais en beaucoup d'autres matieres parle obscurement) n'y ayans peu
reüssir, ont creu que cette separation
de sel d'avec son phlegme estoit impossible ; Mais l'experience m'en
ayant fait voir la possibilité ; & ayant
par le moyen d'un esprit corrosif reduit plusieurs fois l'esprit de vin en sel
volatil, j'en donne volontiers la façon comme s'ensuit. Mettez dans un
grand balon à long col une livre de

bon esprit de nitre bien deflegmé, &
versez par dessus quelque goute d'esprit de vin tartarisé, & mettez en
mesme temps un vaisseau de rencontre sur le balon, & en bouchez bien
les jointures, il se fera en mesme
temps une action de ces deux esprits,
lesquels se détruiront l'un l'autre ; dés
qu'elle aura cessé, versez de nouveau
quelques gouttes du mesme esprit de
vin, & continuez tout un jour à faire
la mesme chose, en bouchant toûjours bien l'orifice du balon, dés que
vous aurez versé les gouttes de l'esprit de vin, jusques à ce qu'il ne se
fasse plus aucune action: vous aurez
une liqueur qui tiendra le milieu entre
l'esprit de vin & l'esprit de nitre ; car
elle n'est pas corrosive, & sa force
n'excede pas celle d'un vinaigre distillé, & ne sera pas inflammable comme est l'esprit de vin : Mettez cette liqueur dans une cucurbite couverte de
son alambic, & distillez par une tres-
lente chaleur du bain vaporeux tout
ce qui en pourra distiller ; il restera au
fonds de la cucurbite un sel blanc &
volatil en petite quantité, d'un goust

acide & acerbe, lequel peut eftre fublimé & privé de la partie corrofive
& acide par le moyen de quelque fel
alkali, de la mefme maniere que nous
avons enfeigné en la fublimation &
purification du fel volatil de fuccin.
I'ay crû à propos d'adjoufter cette
operation à la rectification de l'efprit
de vin, efperant que plufieurs curieux feront bien aifes de la fçavoir.

CHAPITRE XXI.

Du Vinaigre.

ON appelle vinaigre toutes les liqueurs qui ont paffé de la fermentation jufques à une efpece de
corruption ; Car lors que les fucs
fermentez font dans leur perfection,
comme eft le bon vin, le cidre, la
bierre, l'hydromel, &c. ils contiennent en eux un efprit volatil inflammable ; mais lors que cet efprit par la
longueur du temps s'eft évanoüy, le
fel tartareux vitriolique venant à pre-

dominer, les convertit en une liqueur acide, qu'on appelle vinaigre. Or nons ne traiterons icy que de celuy du vin, comme le plus employé en Medecine.

Distillation du Vinaigre.

METtez huit livres de bon vinaigre dans une cucurbite de verre, & la couvrez de son chapiteau, & adaptez un recipient, & lutez toutes les jointures, placez-là au feu de sable, & distillez à feu lent environ deux livres de liqueur, qui n'aura presque point de force ; c'est pourquoy on l'appelle phlegme de vinaigre : Changez alors de recipient, & augmentez peu à peu le feu, & distillez le tout jusqnes à ce qu'il vous reste au fonds de la cucurbite une matiere mielleuse: Il faut alors cesser le feu de peur que la distillation ne sente le brûlé, & garder ce qui sera distillé, dont l'usage est pour dissoudre les chaux des mineraux, & les reduire en forme de sel. On peut mettre la partie mielleuse qui a resté dans une cornuë, & la

pousser

pouffer par un feu gradué, on en tirera un efprit acide, enfuitte une huile
puante, & le fel fixe demeurera dans
la cornuë, lequel on peut purifier par
plufieurs folutions & congelations;
& il fera femblable au fel fixe du tartre.

CHAPITRE XXII.

Du Tartre.

NOus ne pretendons pas de traiter du Tartre microcofmique, qui
eft une matiere vifqueufe, laquelle
fe forme dans nos corps, mais bien
du tartre de vin, qui n'eft autre chofe
qu'une fubftance terreftre, laquelle fe
fepare des parties pures du vin, par
l'action de l'efprit fermentatif, & fe
coagule jufques à une dureté de pierre, & eft de foy incorruptible; mais
elle peut eftre reduite par le feu en diverfes fubftances. Or en faifant la defcription des principales operations
qui fe font fur le tartre, nous com-

mencerons par fa purification , la
quelle fe fait ou par lotion fimplement , ou par diffolution : La premiere fe fait ainfi ; mettez le tartre en
poudre groffiere , fur laquelle vous
verferez de l'eau chaude , & l'ayant
un peu agitée , l'eau fe chargera des
impuretez , laquelle il faut verfer &
y en mettre d'autre , & reïterer la
mefme operation jufques à ce que
l'eau chaude n'enleve plus d'impureté ; alors féchez ce tartre , & le gardez pour l'ufage : La feconde purification eft plus parfaite , & eft ce
qu'on appelle crefme ou criftal de
tartre , lequel fe prepare ainfi : Mettez dix livres de beau tartre de Montpellier pulverifé groffierement dans
une grande chaudiere , & verfez par
deffus environ trois bons feaux d'eau
commune , & faites bon feu fous la
chaudiere , en forte qu'elle puiffe
boüillir environ un quart d'heure durant , remuez par fois avec un bafton,
& apres avoir écumé la diffolution
de tartre , vous la pafferez chaudement par des chauffes de drap faites
en pointe , & laifferez refroidir &

criſtaliſer ce qui aura paſſé par la
chauſſe , & tout eſtant refroidy,
oſterez la creſme qui ſurnagera pour
la garder, puis verſerez l'eau par inclination , & laverez le criſtal arreſté
au fonds & aux coſtez du chauderon,
lequel vous trouverez fort menu
dans cette premiere criſtaliſation ;
Mais pour le rendre plus beau &
plus gros, faites le diſſoudre de nouveau dans moindre quantité d'eau
nette dans une baſſine platte , & luy
faites prendre quelques boüillons, &
eſtant bien diſſout , oſtez doucement
la baſſine du feu, & la laiſſez refroidir , & tout eſtant froid , ſeparez de
l'eau la creſme, & le criſtal , & les
faites ſeicher, & vous aurez un tartre bien purifié , lequel ſeroit encore
plus beau , & plus diaphane , ſi la
diſſolution avoit eſté faite dans une
chaudiere d'eſtain fin.

Les principales vertus de la creſme
ou criſtal de tartre , ſont d'attenuer
les humeurs groſſieres , qui cauſent
les obſtructions de la premiere region
du ventre, & celles de la ratte; c'eſt
pourquoy on s'en ſert dans les mala-

dies melancholiques, & on fait pour
l'ordinaire preceder son usage a celuy
des purgatifs, car il digere & prepare les matieres, pour estre plus facilement évacuées; Sa dose est depuis
demie dragme jusques à deux, dans
du boüillon, ou quelque autre liqueur convenable.

Distillation de l'esprit & de l'huile de tartre.

PVlverisez grossierement six livres
de bon tartre, & les mettez dans
une cornuë de grais, ou de terre lutée, laquelle vous placerez au fourneau de reverbere clos; & luy adapterez un grand balon, lutant exactement les jointures, puis faites la distillation par un feu gradué : Il en
sortira premierement une eau phlegmatique, puis l'esprit & l'huile mélez confusément; & lors qu'il n'en
sortira plus rien, & que le recipient
commencera à s'éclaircir, cessez le
feu, & laissez refroidir les vaisseaux,
puis délutez le recipient, & separez
l'esprit de l'huile par un entonnoir

garny de papier gris ; l'efprit paffera
à travers, & l'huile demeurera dans
le papier, laquelle vous pouvez mettre dans une phiole, & la garder à
part. L'efprit peut eftre rectifié fur le
coral, de la mefme maniere que nous
avons dit au Chapitre de la Gomme
Ammoniac, enfeignans l'entiere rectification de fon efprit. L'efprit de
tartre rectifié, eft un excellent remede dans les maladies caufées des obftructions ; car il refout & attenuë
par fa fubtilité les matieres craffes ;
C'eft pourquoy il fait merveilles dans
le fcorbut, dans les maladies arrtri-
ques, dans la paralifie, & dans la
verolle, provoquant les fueurs & les
urines ; Sa dofe eft depuis un fcrupule jufques à quatre, dans du boüillon, ou autre liqueur. L'huile refout puiffamment les nodus, & autres duretez, elle mortifie auffi l'humeur acre, laquelle caufe les dartres,
elle guerit la teigne, fert aux fuffo-
cations de matrice, & contre l'épi-
leptie, en frottant le nez de ceux
qui en font incommodez.

Sel fixe, & huile ou liqueur de tartre par deffaillance.

PRenez la maſſe noire qui reſte dans la cornuë, apres la diſtillation de l'huile & eſprit de tartre, & la calcinez au fourneau de reverbere, dans un pot plat & ouvert, juſques à ce qu'elle devienne blanche, puis la laiſſez refroidir, & la mettez dans une terrine, & verſez par deſſus de l'eau chaude à l'éminence de ſix doigts, & la remuez de temps en temps pendant quelques heures; L'eau ſe chargera de la ſubſtance ſaline, laquelle il faut verſer par inclination, & verſer ſur le reſte encore d'autre eau chaude, & en remettre ſi ſouvent, qu'on en aye retiré tout le ſel; Filtrez pour lors toutes vos diſſolutions, & en faites évaporer toute l'humidité, juſques à ce que le ſel demeure ſec, & blanc comme de la neige, au fonds du vaiſſeau, lequel vous garderez ſoigneuſement dans un vaiſſeau bien bouché; car autrement il ſe reſoudroit en liqueur par l'attraction

de l'humidité de l'air. Mais si vous en
voulez faire la liqueur par deffaillance, que l'on appelle improprement
l'huile de tartre, mettez en une partie sur un marbre, ou sur quelque
vaisseau de verre plat, & le placez à
la cave, ou en quelque lieu humide,
& il se resoudra en peu de jours en
liqueur; Ce sel de tartre est fort diuretique, de mesme que tous les autres sels fixes ou a kalis des vegetaux, c'est pourquoy on le donne
avec succez dans l'hydropisie, &
dans les obstructions des reins : Sa
dose est depuis dix jusques à trente
grains, dans quelque liqueur convenable. On se peut servir de la liqueur au lieu du sel, puis que ce
n'est qu'un sel resout; mais sa dose
doit estre augmentée. Ceux qui ne
cherchent que le sel de tartre, n'ont
pas besoin de le distiller, & le peuvent calciner tout seul au feu de reverbere, jusques à la blancheur, &
puis en tirer le sel comme nous
avons enseigné.

Magiſtere de tartre , ou tartre vitriolé.

PRenez huit onces de liqueur de
ſel de tartre faite par deffaillance , laquelle ſoit claire comme de
l'eau de fontaine , mettez là dans un
grand matras à long col , & verſez
deſſus goutte à goutte de l'huile de
vitriol, juſques à ce qu'il ne ſe faſſe
plus d'ébullition , qui eſt la proportion qu'il faut obſerver , car il en
faut mettre juſques à ce que l'huile
de vitriol ne trouve plus rien qui
puiſſe agir contre ſon acidité ; vuidez alors dans une écuelle de grais
ce mélange, lequel ſera à demy congelé, & s'il reſte quelque choſe dans
le matras , délayez le avec un peu
d'eau de pluye diſtillée , & le meſlez
avec le reſte dans l'écuelle, laquelle
vous placerez au fourneau de ſable,
& ferez évaporer toute l'humidité,
il vous reſtera un ſel blanc comme
de la neige, lequel il faut conſerver
dans un vaiſſeau de verre bien bouché. Ce ſel eſt un fort bon digeſtif
pour diſpoſer les humeurs à la pur-
gation,

gation, il ouvre les obstructions du corps, & particulierement celles des hypocondres ; On s'en sert aussi dans les hydropisies, & contre la fiévre quarte ; Sa dose est depuis six jusques à trente six grains, dans du boüillon, ou dans quelque liqueur aperitive.

Teinture du sel de tartre.

PRenez demie livre de sel de tartre purifié à perfection, & le mettez dans un creuset, entre les charbons ardents, & le tenez dans un feu violent durant deux heures, le remuant continuellement avec une spatule de fer, pour empescher qu'il n'adhere au creuset, & qu'il ne fonde ; & lors que vous verrez qu'il deviendra de couleur bleuë tirant sur le vert, il le faut pulverifer dans un mortier chaud, & le mettre tout chaudement dans un pelican, ou dans quelque vaisseau de rencontre, & verser peu à peu de bon esprit de vin par dessus, tant qu'il surnage de quatre doigts, puis bouchez bien le vaiſſeau , & le mettez ſur le ſable chaud , & donnez le feu juſques à ce que vous verrez boüillir l'eſprit de vin , & le tenez dans cét eſtat durant vingt quatre heures , pendant leſquelles l'eſprit de vin tirera à ſoy la partie ſulphureuſe fixe & interne du ſel de tartre , & ſe chargera d'une teinture tres-rouge , & d'une odeur ſuave comme celle de la vigne en fleur ; Verſez pour lors cette teinture dans quelque bouteille , & remettez d'autre eſprit de vin ſur le ſel , & le digerez de nouveau au feu de ſable durant vingt-quatre heures comme auparavant , & reïterez la meſme operation , juſques à ce que l'eſprit de vin ne ſe colore plus ; Filtrez & mélez toutes vos teintures , & en retirez par l'alambic de veïre les deux tiers ou un peu plus , & la teinture de tartre demeurera au fonds de la cucurbite , laquelle vous garderez dans une fiole bien bouchée.

Cette teinture eſt tres-excellente, dans toutes les maladies , qui proviennent de l'abondance des humeurs melancoliques , dans le ſcorbut , &

dans l'hydropifie, & eſt de grande
vertu pour purifier toute la maſſe du
ſang : Sa doſe eſt depuis dix juſques
à trente gouttes, & on en doit continuer l'uſage durant quelque temps.

CHAPITRE XXIII.

Des bayes de Genievre.

LEs principales preparations que
l'on fait ſur les bayes de Genievre, ſont d'en diſtiller l'eſprit ardent, d'en tirer l'huile ætherée, &
l'extrait ou rob, lequel on appelle
communément Theriaque des Allemans. L'eſprit ardent ſe fait par le
moyen de la fermentation, & diſtillation, comme celuy du Creſſon,
avec addition d'eau tiede & de leveure de bierre : Mais cette operation
ſur les bayes de Genievre, ne doit
pas ſervir de régle generale pour toutes les bayes ; Car celles de ſureau &
d'hieble, ſe fermentent ſans aucune
addition, auſſi bien que les ſucs de

raifins, de pommes, de poires & aū-
tres, & n'ont befoin que d'eftre ef-
crafées, & mifes dans quelque grand
vaiffeau, durant huit ou dix jours,
ou jufques à ce que la fermentation
foit faite : Et pour lors on en peut
diftiller un efprit ardent, lequel a
des vertus tres-grandes, felon le fu-
jet duquel il eft tiré. La diftillation
de l'huile ætherée fe fait ainfi ; Concaffez fix livres de bayes de Genievre,
& les mettez dans une veffie de cuivre, & verfez par deffus cinquante
livres d'eau commune, remuez bien
le tout, & couvrez la veffie de fa
tefte de more, & diftillez par un feu
gradué, l'eau fpiritueufe & l'huile,
lefquels fortiront confufément, &
continuez jufques à ce que l'eau monte infipide : Apres vous feparerez
l'huile d'avec l'eau fpiritueufe par le
moyen d'une meiche de cotton, comme nous avons enfeigné cy-deffus au
Chapitre de l'Abfinthe, & gardez
l'huile & l'eau fpiritueufe à part dans
des phioles bien bouchées. Oftez ce
qui refte dans la veffie ápres la diftillation, & le mettez dans quelques

terrines, ou autres vaiſſeaux, avant qu'il ſoit refroidy, de peur qu'il ne contracte quelque mauvaiſe qualité du cuivre, & faites paſſer toute la liqueur par un linge, & exprimez bien le marc. Laiſſez raſſeoir toute la liqueur durant un jour, & paſſez ce qui eſt clair par une chauſſe de laine, & faites évaporer la liqueur qui au-ra paſſé juſques à conſiſtance d'ex-trait.

L'eſprit & l'huile inflammable, ſont des puiſſans remedes pour provoquer les menſtruës, pour ouvrir les ob-ſtructions du foye & de la ratte, pour évacuer le ſable & les glaires des reins, & de la veſſie; ils ſont auſſi bons contre la peſte, & pour provo-quer la ſueur & les urines. L'huile appliquée exterieurement fortifie les nerfs, & reſout les duretez. La doſe de l'eſprit eſt depuis une demie drag-me, juſques à une demie cueillerée dans du boüillon tiede; Celle de l'huile eſt depuis trois juſques à quin-ze gouttes, dans ſa propre eau di-ſtillée ou dans quelque autre liqueur; Celle de l'extrait eſt depuis une dragme, jusques à trois, dans sa propre eau, ou dans quelque autre vehicule.

CHAPITRE XXIV.

Des Semences.

LEs Semences se preparent diversement selon la diversité des substances qu'elles contiennent. Car les unes sont pleines d'un suc mucilagineux, lequel fait leur principale vertu, comme la semence de coins, de lin, de psyllium, &c. Les autres contiennent beaucoup d'huile, laquelle on peut tirer par expression, & mesmes peuvent estre reduites en emulsion, comme est la semence de pæoine, de pavot, les semences froides, celle de chanvre, & une infinité d'autres : Il y en a desquelles on peut tirer un esprit ardent par le moyen de la fermentation, comme la graine de moustarde, & toutes celles qui ont un goust picquant &

pénétrant : Beaucoup d'autres ont
une odeur aromatique, & contiennent en elles un foulphre ou huile
ætherée, comme font le carvi, l'a-
nis, le fenoüil, &c. & peuvent eftre
diftillées de mefme que l'Abfinthe,
& les bayes de Genievre, & rendent
une eau fpiritueufe, & une huile
fubtile furnageant l'eau, laquelle il
faut feparer par la méche de cotton,
comme nous avons dit plufieurs fois.
Il faut obferver qu'auffi toft que la
diftillation eft finie, l'on doit faire
la feparation, parce qu'autrement
l'huile fe remefleroit avec fon eau,
& principalement celle d'anis. Il n'eft
pas befoin d'y adjoûter ny fel ny tartre, parce que bien loin d'augmenter la quantité d'huile, elle en eft
plûtoft arreftée & fixée. Notez auffi
que toutes les femences des vegetaux
diftillées par la cornuë, outre les fubftances ordinaires que l'on tire des
autres parties des vegetaux, rendent
quantité de fel volatil qui adhere
aux parois du recipient, reprefentant
une infinité de figures fort agreables
à voir : Il eft auffi digne de confide-

ration qu'il n'y a que cette feule partie des plantes qui puiffe rendre un
fel volatil tout congelé. Or parmy
les femences, lefquelles ont une
odeur aromatique, il y en a plufieurs
lefquelles non feulement rendent leur
huile par diftillation, mais auffi par
expreffion, & nous en donnerons un
exemple fur l'anis, comme s'enfuit.

Huile d'Anis par expreffion.

PUlverifez fubtilement une livre
de femence d'Anis, & la mettez
fur un tamis renverfé, & la couvrez
d'un plat d'eftain, en forte que tout
l'anis foit contenu fous la partie creu-
fe du plat, mettez le tamis fur une
baffine platte, & faites qu'il y aye
dans la baffine deux ou trois pintes
d'eau, mettez la fur le feu, & faites
boüillir l'eau, la vapeur de laquelle
penétrera & échauffera la poudre d'a-
nis; ayez cependant une bonne pref-
fe toute prefte, & les deux planches
chauffées, & un petit fac de toile
forte, & dés que le plat qui couvre
la poudre d'anis fera fi chaud que

vous ne sçauriez souffrir à la main
sa chaleur, mettez en diligence la
poudre dans le sac, & le liez & mettez promptement à la presse, &
vous en tirerez une huile verdastre &
claire, ayant le goust & l'odeur
agreable de l'anis. Les exemples al-
leguez cy-dessus conduiront suffisamment les Curieux à la connoissance
de toutes les preparations des vegetaux, tant entiers que de leurs parties, & nous finissons icy cette Section pour venir à celle des animaux.

SECTION III.

DES ANIMAVX.

LEs Animaux en general, tant les
terrestres parfaits ; que les oyseaux, les poissons, & les insectes.
sont composez d'une substance plus
volatile que ne sont les mineraux &

vegetaux ; auſſi ne rendent-ils pas
tant de terre ny de ſel fixe apres leur
calcination. Or quoy que cette famille ne ſoit pas moins ample que
celle des vegetaux , recherchans toûjours la briéveté, nous donnerons des
exemples, qui pourront ſuffire pour
les preparations ſoit des animaux entiers , ſoit de quelques unes de leurs
parties. Ceux que l'on employe entiers ſont pour l'ordinaire les inſectes
ou les moins parfaits , comme les
mouches à miel, les cantharides, les
vers de terre, les cloportes, le cra-
paut , le ſerpent & les viperes, la
plufpart deſquels on calcine ou prepare tous entiers, bien qu'on ſe ſoit
appliqué avec plus de ſoin à faire
l'anatomie & la diſtinction des parties de la vipere, & d'en rechercher
curieuſement l'uſage de chacune d'i-
celles. Entre les animaux plus parfaits , & dont les parties par conſequent ſont plus diſtinguées , on a
auſſi trouvé des uſages tout diſtincts
& reſultans de chacune de ces parties, comme pour exemple le foye &
l'inteſtin de Loup , la ratte de Bœuf,

le poulmon de Renard, les testicules
de Sanglier, &c. Et les cornes entr'autres de plusieurs animaux, qui
sont de grand usage, comme celles
de Cerf, de Buffle, de Rhinoceros,
de Licorne, &c. desquels les preparations sont diverses comme ou de les
brusler, ou de les calciner Philoso-
phiquement, d'en faire des magisteres, des gelées, d'en tirer quelque liqueur & esprits, en separer l'huile,
en eslever le sel volatil, en faire les
extraits, & s'en servir mesmes dans
les decoctions & infusions journalie-
res. On se sert pareillement des Os,
comme du crane humain, de l'os du
cœur de Cerf, de la dent d'Elephant,
qui est l'Yvoire, &c. Or de tous les
animaux qui fournissent quelque chose d'utile à l'homme, il n'y en a
point dont l'utilité soit plus mani-
feste, que de ceux qui sont domesti-
ques, comme sont entre les terrestres la Vache, entre les volatils la
Poule ; l'une nous donne du laict,
l'autre des œufs ; dans le laict, on
peut trouver une idée generale de
toute la Chymie, dans l'œuf, une

idée de la composition de tout le monde. Ce qui pourroit servir de sujet tres-ample à des volumes entiers, & dont nous ne prendrons que quelque petit échantillon dans la suitte pour instruire nostre Lecteur. Mais comme entre tous les animaux, le plus parfait est l'homme, nous nous servirons des preparations qui se peuvent faire sur quelques unes de ses parties, soit solides ou dures, comme le crane humain ; soit molles & charneuses comme font les muscles, le foye & autres ; soit liquides & fluides comme le Sang & l'Vrine. Et quiconque comprendra bien ces preparations pourra apres facilement travailler sur tout ce qui dépend des animaux. Or il est necessaire que l'Artiste choisisse pour son travail des parties des animaux, d'un aage mediocre, & morts par violence.

CHAPITRE I.

L'huile & le sel volatil de Crane humain.

NOus commencerons donc par les operations qui se peuvent faire sur le Crane humain. Prenez le Crane d'un homme qui soit mort de mort violente, scié en petites pieces, pour pouvoir estre introduites dans une cornuë de verre, de laquelle le tiers demeure vuide ; Placez la cornuë dans une capsule de terre au fourneau de sable, & luy adaptez un grand recipient, lequel doit estre bien luté, afin que les esprits ne se perdent ; Et lors que le lut sera séché, donnez le feu par degrez, il en sortira premierement un peu de phlegme, puis un esprit, lequel remplira le balon de nuées blanches ; Il faut dans ce temps-là gouverner le feu sagement, autrement les esprits estans

trop pouffez , fortent par les jointures, ou crevent le recipient : Apres
cét efprit , fortira une huile avec
beaucoup de fel volatil , lequel s'at-
che aux parois du recipient ; continuez la diftillation , en augmentant
peu à peu le feu , jufques à ce qu'il
n'en forte plus rien , ce qui arrive
en dix on douze heures , puis laiffez
refroidir les vaiffeaux , & délutez le
recipient , lequel contiendra une liqueur fpiritueufe , une huile puante,
& un fel volatil. L'efprit & le fel
volatil font d'une mefme nature ; c'eft
pourquoy il les faut feparer d'avec
l'huile, & les rectifier en fuitte. Ce
qui refte dans la cornuë eft noir comme charbon ; mais fi on le calcine
dans un pot ouvert, il fe blanchira,
& fera fort fpongieux & leger , &
privé de tout fon fel , lequel eft fort
volatil , de mefme que celuy de toutes les autres parties des animaux ;
Et l'on peut appeller avec raifon tefte morte , ce qui refte apres la diftillation.

Pour feparer l'efprit & le fel volatil d'avec l'huile, il faut mettre en-

viron une livre d'eau tiede dans le
recipient, & l'agiter, afin que le fel
volatil fe puiffe diffoudre, & reduire
en liqueur, puis filtrant cette liqueur
par le papier gris, l'huile demeurera
dans le papier, & l'ayant percée par
bas, ferez couler l'huile dans un autre phiole, & la garderez. Son ufage eft pour mondifier les playes &
ulceres; car elle mange & ronge les
chairs baveufes, & autres fuperfluitez.

Prenez la liqueur qui contient l'efprit & le fel volatil, & la mettez
dans un ample matras à long col, &
le couvrez d'un entonnoir, lequel
vous luterez exactement à l'entour,
puis verfez par l'entonnoir quelques
gouttes d'efprit de fel, & bouchez
en mefme temps le trou de l'entonnoir, afin que les efprits ne puiffent
fortir; Il fe fera tout à l'abord une
ébullition & combat de ces deux efprits; continuez de mettre de l'efprit
de fel peu à peu, jufques à ce que
l'ébullition ceffe; puis filtrez la liqueur, & en diftillez dans l'alambic
de verre par une lente chaleur du

fable, toute l'eau laquelle fera infipide : parce que l'efprit de fel s'eft
corporifié avec le fel volatil du crane , & l'a fixé en quelque façon ; Et
lors que l'humidité eft toute montée,
pouffez le feu peu à peu , pour faire
fublimer tout le fel , qui refte au
fonds de la cucurbite ; une partie duquel montera & s'attachera à l'a-
lambic , & l'autre partie à la partie
fuperieure de la cucurbite : Laiffez
refroidir les vaiffeaux , & amaffez le
fel fublimé , lequel approchera le
gouft de celuy du fel armoniac. Sa
dofe eft depuis un fcrupule jufques à
une dragme ; Mais on le peut rendre encore plus fubtil & penétrant,
en feparant le fel fulphuré animal,
des efprits acides du fel , avec lefquels il a efté mélé pour corriger en
partie fa mauvaife odeur. Prenez
donc quatre onces de ce fel , & le
mélez avec deux onces de fel fixe de
tartre, ou de tel autre fel alkali qu'il
vous plaira, & les mettez dans une
petite cucurbite , bien couverte de
fon chapiteau , auquel vous adapterez un petit recipient , & en luterez

exactement les jointures ; puis donnez le feu tres-lentement , & vous
verrez qu'à la moindre chaleur le fel
fulphuré fe détachera , & montera
au chapiteau, blanc comme de la neige , & laiffera l'efprit acide (avec
lequel il s'eft incorporé) au fonds de
la cucurbite, arrefté par le fel alkali :
Ainfi vous aurez un fel de la derniere fubtilité , lequel il faut garder
dans une phiole bien bouchée ; car
autrement il s'évanoüyt peu à peu.

Ce fel & tous les autres qui fe tirent des animaux, poffedent de tres-
grandes vertus , & peuvent paffer
pour des principaux remedes de la
Pharmacie ; car ils penetrent jufques
aux parties les plus efloignées de la
premiere digeftion , & refoluent toutes les matieres vifqueufes & tartarées, ouvrent toutes les obftructions,
gueriffent les fiévres , & principalement les quartes , prefervent de la
pefte, & refiftent puiffamment à toute pourriture. La dofe eft depuis fix
jufques à quinze grains, dans quelque oppiate ou liqueur , pourveu
qu'on les laiffe diffoudre à froid, par-

ce qu'autrement & à la moindre chaleur ils s'évaporeroient & se perdroient en l'air.

Le sel du crane humain est particulierement propre aux epilepties & aux maladies hysteriques.

Cette operation peut servir d'exemple, pour tous les os, cornes, ongles, cheveux, & generalement pour toutes les parties solides & seiches des animaux.

CHAPITRE II.

Teinture de la chair de l'homme.

EV égard à la division que nous avons fait des parties de l'homme, on en peut preparer les chairs en cette maniere. Il faut prendre des parties musculeuses d'un homme de vingt à vingt cinq ans, mort de mort violente, les coupper par tranches menuës, & les mettre dans un vaisseau de terre vernissé : versez l'esprit de vin dessus, en sorte qu'il surnage de

trois ou quatre travers de doigts,
laiſſez le ainſi durant quatre jours où
environ, retirez par inclination voſtre eſprit de vin , & laiſſez ſeicher
à l'ombre les chairs reſtantes , puis
les arroſez d'eſprit de ſel à pluſieurs
repriſes, afin qu'elles s'en imbibent,
puis les laiſſez ſeicher , & vous aurez
une ſubſtance preparée d'une grande
utilité. Prenez ladite chair pour en tirer la teinture avec de l'eſprit de vin
trés-rectifié , laiſſez en longue digeſtion , afin qu'elle ſe dépure , les feces ſe precipitans au fonds du vaiſſeau par une longue circulation , &
deſdites feces calcinées vous tirez le
ſel par calcination pour le réjoindre
à voſtre teinture. Si vous donnez
cinq ou ſix gouttes de cette teinture,
vous garantirez le corps de toutes
maladies veneneuſes & peſtilentieles ;
elle guerit auſſi toute ſorte d'abſcez
& ulceres internes en quelque partie
du corps qu'il ſe treuve par ſa vertu
penetrante, vivifiante & balſamique,
la mettant dans du boüillon, vin ou
autre liqueur convenable.

CHAPITRE III.

De la diftillation du fang humain.

PRenez une quantité de fang tiré de jeunes hommes fains & de bonne complexion, diftillez-en toute l'humidité qui en pourra fortir, par l'alambic au bain Marie, & confervez l'eau ; puis mettez dans une cornuë la maffe feiche qui refte au fonds de la cucurbite, & procedez de mefme que nous avons enfeigné au Chapitre premier du crane ; Vous aurez une huile puante, & par la rectification & reffublimation, un fel tresexcellent pour corriger la maffe du fang, pour guerir les fiévres, l'épilepfie, le fcorbut, & pour ouvrir toutes obftructions ; Sa dofe eft depuis fix jufques à quinze grains, dans fa propre eau, ou dans quelque autre liqueur convenable.

CHAPITRE IV.

De la distillation de l'urine.

PRenez de l'urine recente d'enfans, depuis huit jusques à douze ans, ou de jeunes hommes bien
fains, & en remplissez les trois
quarts de plusieurs cucurbites, lesquelles vous couvrirez de leur alambic, & en tirerez à la chaleur lente
du bain Marie toute l'humidité, laquelle fera insipide : Il restera une
substance mielleuse au fonds des cucurbites, laquelle il faut mettre dans
une seule cucurbite, à laquelle vous
adapterez un alambic & un recipient
bien lutez, & distillerez au feu de
fable, tout ce qui pourra monter,
gouvernant bien le feu ; car autrement la matiere s'enfle & fort par le
haut : Il en fortira premierement une
eau spiritueuse, puis le fel volatil
commencera à monter, & à s'attacher à l'alambic avec quelque peu

Ll iij

d'huile puante, laquelle coulera dans le recipient avec le sel volatil, qui se dissoudra. Cessez la distillation lors qu'il ne montera plus rien, & les vaisseaux estans refroidis, & apres délutez, vous trouverez au fonds de la cucurbite une matiere noire, laquelle peut estre calcinée, dans un pot, à feu violent, & reduite en cendres, pour en tirer une tres-petite quantité de sel, lequel coagulé ou cristalisé a le goust & la forme du sel commun. Il faut separer l'esprit & le sel volatil d'avec l'huile puante, en mettant dans le recipient autant d'eau tiede qu'il en faudra, pour la dissolution du sel volatil, lequel sera congelé, puis filtrez la dissolution par le papier, dans lequel l'huile demeurera, laquelle vous ferez couler dans une phiole ayant percé le fonds du papier. Mettez la liqueur filtrée dans un grand matras à long col, & le couvrez de son alambic large fait en dome, dont la figure est representée en la Table des vaisseaux, & marquée a, & b, lutez en exactement les jointures, & le placez au fourneau de fable, luy adaptant un recipient & donnez le feu fort doux: Vous verrez que par la moindre chaleur, l'esprit & le sel volatil se détacheront & se sublimeront en haut dans l'alambic en forme de neige, laissans au fonds du matras le phlegme puant & insipide, lequel n'a pû monter, à cause de la hauteur du vaisseau, & à cause que la chaleur estoit trop foible. Laissez apres refroidir les vaisseaux, & amassez & gardez ce sel volatil dans des phioles bien bouchées ; car autrement il se perdroit peu à peu à cause de sa subtilité.

Ce sel subtil & sulphureux a de tres-grandes vertus, tant pour l'interieur, que pour l'exterieur, il ouvre toutes obstructions, & est admirable dans toutes les maladies melancholiques, & pour inciser les glaires, & pousser par les urines le sable des reins, & de la vessie. Sa dose est depuis six jusques à quinze & vingt grains, dans quelque liqueur convenable.

Estant dissout dans de l'eau de vie,

laquelle contienne encore un peu de phlegme, (car l'esprit de vin rectifié ne le peut dissoudre) on le peut employer exterieurement pour les douleurs des parties du corps, & sur tout celles des jointures, & pour resoudre les nodositez.

Autre distillation de l'urine & sublimation de son sel volatil.

Mettez dans plusieurs cruches, ou dans quelque barril bien bouché, une quantité d'urine bien conditionnée, & l'y laissez durant quarante jours, pendant lesquels elle se fermentera, & disposera à rendre ses esprits : Mettez là dans plusieurs cucurbites de verre & en distillez environ la moitié de l'humidité, & vous aurez une eau claire & spiritueuse ; Iettez ce qui reste dans les cucurbites comme de peu de valeur, & rectifiez l'eau encore deux ou trois fois, n'en distillant que la moitié, & jettant ce qui reste dans les cucurbites à chaque distillation, & continuez ainsi jusques à ce que vous ayez

rassemblé

raſſemblé toute la vertu ou tous les
eſprits de l'urine en une petite quantité, laquelle vous mettrez dans un
matras à long col, que vous couvrirez de ſon chapiteau large, & ferez
monter par une tres-lente chaleur du
fable le ſel volatil & ſpirituel, lequel ſe deſtachera facilement de ſon
eau phlegmatique ſuperfluë, la laiſſant au fonds du matras. Cette preparation eſt plus longue & plus penible que la premiere, mais elle rend
un ſel plus pur, plus ſubtil & plus
penétrant, & par conſequent plus
efficace.

Ayant donné quelques unes des
preparations principales qui ſe peuvent faire des parties de l'homme,
nous paſſerons à quelques exemples
particuliers tirez des autres animaux.
Et comme nous avons dit cy-deſſus
qu'il ſe feſoit tout plein d'operations
Chymiques ſur leurs cornes, nous en
propoſerons quelques-unes ſur celles
de Cerf, qui ſont d'une tres-grande
utilité.

CHAPITRE V.

Des cornes de Cerf.

LA premiere operation que nous avons à donner eſt la diſtillation des andoüillées ou teſte de Cerf. Pour cét effet ayant pris un Cerf au temps que ſon bois commence à repouſſer, & qu'il n'a pas encore acquis ſa conſiſtence & ſa dureté , on en coupe les cornes encore tendres, molles & ſuc-culentes par trenches , & l'on les met dans un vaiſſeau accompagné de ſon chapiteau pour les diſtiller au bain Marie. Quelques uns y ajoûtent un peu de vin odoriferant ou quelque au-tre liqueur appropriée ſelon l'uſage auquel on s'en veut ſervir. On con-ſerve precieuſement ce qui en eſt diſ-tillé , principalement pour faciliter l'accouchement des femmes , & pour les fiévres malignes & autres maladies contagieuſes , comme la petite verole & rougeole dans les enfans , d'autant

que ce remede eſt admirable pour exciter les ſueurs au dehors, & pouſſer
du centre à la circonference. La doſe
eſt une demi-once juſques à une once
& demie, ſelon l'exigence. La ſeconde operation eſt de diſtiller les bois
ou cornes de Cerf, lors qu'elles ſont
dans leur grandeur ordinaire, cou-
pées ou ſciées groſſierement, & miſes
dans une cornuë ou retorte bien en-
croutée de terre pour reſiſter au feu,
avec un grand balon pour recipient.
Par cette maniere & meſme travail,
on en tire la liqueur ou l'eſprit acide
joint au phlegme, auſſi bien que l'huile & le ſel volatil ; laquelle huile on
peut encore rectifier par le bain Marie, comme il a eſté dit ailleurs. La
doſe du ſel volatil de corne de Cerf,
auſſi bien que celuy de vipere, eſt depuis cinq à ſix grains juſques à un demy
ſcrupule pour les maladies cy-deſſus
mentionnées. On fait encore une gelée de la corne de Cerf, qui tient autant lieu de remede cardiaque que de
nourriture. En quoy il eſt de la prudence du Medecin de preſcrire ſelon
le beſoin du malade, ou ladite gelée,

ou celle de viandes.

A l'occasion des cornes de Cerf, il
ne fera pas inutil d'inferer en cét endroit, une remarque des plus confi-
derables & des plus curieufes qu'on
puifle faire dans la Phyfique & dans
la Medecine ; C'eft celle que l'on peut
tirer de l'ufage de quelques excrefcen-
ces ou parties de certains animaux,
lefquelles ne provenans que d'une
abondance du fuc nutritié & du baume radical , fublimé (pour ainfi dire) naturellement & volatilifé , ont
auffi une vertu toute finguliere pour
reparer les efprits , refifter à la corruption & pourriture des humeurs,
& chafler hors du corps tout ce qu'il
y a d'impur & de malin , & ainfi ga-
rantir & guerir de la plufpart des maladies contagieufes ; dont la raïfon
doit eftre tirée des plus cachez fecrets
de la nature, c'eft à dire, de la tranf-
plantation ou tranfmigration qui fe
fait de l'efprit univerfel d'un corps dif-
ferant en un ou plufieurs autres. Ce
que nous voyons manifeftement arri-
ver dans la cheute du bois de Cerf,
lequel ne fe détacheroit point , fi le

Cerf n'alloit au Printemps échauffer
de son souffle & de son haleine les
trous ou cavernes des Serpents, qui
se sentans r'animez par une douce
chaleur, commencent à se dégourdir
& sortir de leurs antres, pour joüir
de la douceur d'un air, qui imite
celle que le Soleil nous produit, re-
venant à nous au Printemps. Le Cerf
donc par cette adresse ou cét instinct
naturel, ayant attiré sa proye, ne la
laisse pas échapper, & devorant les
Serpents, coulévres ou viperes qui se
presentent, il luy arrive ensuitte ce
qui arriveroit aux mesmes animaux
qu'il a devoré, je veux dire, de se renouveller en quelque façon, en jettant son bois, comme ces animaux
jetteroient leur dépoüille. Ce que l'on
observe dans les poules & volailles
que l'on nourrit des chairs de viperes, lesquelles quittent & perdent en
tres-peu de temps leur ancien pluma-
ge pour en refaire un tout nouveau,
c'est aussi pour cette raison que les
Physiciens & veritables Medecins se
servent de la mesme vipere deuëment
preparée pour purifier & renouveller

toute la maffe du fang, nettoyer le cuir de tous fes vices & impuretez, & guerir mefme la lepre & la ladrerie.

On ne peut s'empefcher icy de montrer que la nature eft fi feconde & fi abondante en fes productions & operations, qu'elle nous peut donner des exemples de tout ce que l'Art de la Chymie ne nous a donné qu'en l'imitant ; car puifque la production des cornes & des autres parties qui fortent au dehors, reprefentent une fublimation naturelle, pourquoy ne reconnoiftrons nous pas qu'il fe fait dans le fang de lapin une precipitation ou concentration d'efprits terreftres qui provient de l'habitation & demeure de ces animaux. D'où tout Philofophe doit inferer que le fang de lapin eft plus vray femblablement, pour ne pas dire plus affeurement, le diffoluant de la pierre dans les reins, que celuy de Bouc ; ainfi voyons-nous qu'entre les plantes, celles qui viennent dans les pierres & murailles, ont la mefme vertu, comme la pilofelle, la parietaire & une infinité d'autres.

Or si les contraires se peuvent connoiftre par les contraires, quant à
l'essence & la substance des mixtes,
on doit aussi conclure la mesme chose
de la maniere d'en user & de les preparer dans la Chymie : C'est pourquoy tout bon Artiste ne prendra que
les parties plus grossieres & plus terrestres de ces dernieres substances, de
mesme qu'il avoit pris cy-devant les
plus subtiles & volatiles des cornes
des animaux, d'autant que les semblables s'attachent à leurs semblables, &
que le plus fort entre les semblables
l'emporte sur le plus foible. Il suffit
aux plus intelligens de leur avoir in-
diqué les choses à demi-mot.

Au reste pour suivre la division que
nous avons donnée des operations qui
se peuvent faire sur les animaux, nous
semblerions estre obligez d'en mettre
icy quelques unes de celles qui se
pourroient faire sur les oyseaux &
volatils ; mais parce que ce sont choses que l'on abandonne plus volontiers aux Cuisiniers qu'aux Chymistes,
comme sont les gelées, consommez,
boüillons de vieux cocq ou autres vo-

Mm iiij

lailles , &c. Nous n'en donnerons aucun exemple ; non plus que des poif-
fons , defquels on fe fert fort rarement pour objet des preparations
Chymiques.

CHAPITRE VI.

De la Vipere , & de la diftilla-
tion de fa chair.

EStant difficile de determiner à
quel genre d'animaux l'on peut
rapporter la Vipere , nous avons refo-
lu de la faire fuivre, les plus parfaits,
& là faire preceder les infectes. Nous
commencerons par la diftillation de fa
chair , qui fe fait en cette forte.
Ayez une quantité de viperes
prifes un peu apres que la douce &
amiable chaleur du Printemps les
a fait fortir de leurs trous & cavernes , coupez-en la tefte & la
queuë felon la couftume , quoy que
fi vous vouliez fuivre la raifon, il n'y
eut nul danger de fe fervir defdites

parties, puifque Diofcoride remarque qu'on ne les rejette qu'à cau-fe qu'elles n'ont point de chairs, & non pas par confequent par aucun inconvenient qu'il y auroit de les mettre en ufage, &c. Efcorchez-les, & les vuidez de leurs entrailles, lefquelles vous jetterez, à la referve de la graif-fe, qu'il faut fondre & garder à part, & du cœur & du foye, lefquels doivent eftre melez avec la chair ; coupez les viperes ainfi nettes en morceaux, auffi bien que les cœurs & les foyes, & les mettez dans une ou plufieurs cucurbites de verre, lef-quelles vous couvrirez de leur alam-bic, & adapterez à chacune un reci-pient, & les placerez au fourneau de fable, & en tirerez par une tres-len-te chaleur toute l'humidité qui en pourra fortir ; mais ceffez le feu & laiffez refroidir les vaiffeaux, dés que l'eau commencera à fentir le brûlé, & confervez bien l'eau diftillée dans des phioles bien bouchées : Puis coupez en petits morceaux la chair fei-che, laquelle fe trouvera dans les cucurbites, & la mettez dans une

cornuë de verre, laiſſant un tiers de
vuide , laquelle vous placerez au
fourneau de ſable , & obſerverez
toutes les circonſtances que nous
avons deſcrites , tant pour la diſtillation que pour la rectification de l'eſprit & l'huile du crane humain ; Et
vous aurez un ſel doüé de vertus in-
nombrables, lequel guerit non ſeulement toutes les fiévres , tant conti-
nuës , qu'intermittentes , mais auſſi
la paraliſie , l'epileptie, la lepre, les
maladies hyſteriques , reſiſte à la
pourriture, pouſſe les venins, guerit & preſerve de la peſte, & a une
infinité d'autres belles vertus. Sa doſe eſt depuis ſix juſques à quinze
grains dans ſa propre eau diſtillée,
ou dans quelque autre liqueur.

Ceux qui voudront faire la poudre
de viperes, feront ſeicher le cœur, le
foye & la chair, dans une cucurbite
de verre à la chaleur du bain Marie,
juſques à ce qu'elle puiſſe eſtre reduite en poudre, & on ne perdra rien
par ce moyen de leur ſubſtance ; car
on retire leur eau par diſtillation, laquelle eſt empreinte des eſprits les

plus subtils & volatils, & peut servir
de vehicule pour prendre la poudre.

Cette operation peut servir de régle, pour toutes les parties charneu-
tes des animaux, pour l'arriere faix,
& pour quelques animaux entiers,
tels que sont les Cloportes, desquelles on peut tirer des remedes propres
à guerir les Cancers, les Escroüel-
les, les Abscez internes, & autres
maux qui prennent leur origine &
leur source du mesentere, pancreas,
& autres parties contenuës dans l'ab-
domen, où se jette ordinairement la
racine de toutes les maladies les plus
longues & plus inconnuës.

On fait tout plein d'autres preparations de la mesme vipere, comme est
l'huile, le sel Theriacal des Anciens,
les Trochisques, le vin dans lequel
lesdites viperes out esté étouffées,&c.
Toutes lesquelles preparations estans
décrites ailleurs, nous n'en ferons icy
nulle mention : mais seulement nous
donnerons dans la suite la composition
d'une Theriaque, dont la chair de vipere estant la base, vray semblable-
ment elle doit estre inserée en ce lieu.

THERIAQVE ROYALE.

NOs Anciens n'ayans point inventé dans la Medecine une
compofition plus univerfelle que celle
de la Theriaque , & dont les effets
prodigieux s'eftendiffent plus loin, foit
pour la guerifon d'une infinité de maladies des plus malignes & des plus
defefperées , foit encore pour les prevenir & les empefcher , & mefme
pour procurer de la force & de la vi-
gueur à ceux qui font naturellement
foibles & valetudinaires; nous ofons
promettre affeurement quelque chofe
encore de plus confiderable d'une
Theriaque finguliere que nous allons
defcrire en cét endroit.

Tout le monde veut que la Theriaque tire fon nom de la Vipere, quoy
qu'elle entre en tres-petite quantité
dans la compofition que les Anciens
nous en ont donnée. Il eft auffi d'une
notorieté publique que l'extrait de
Geniévre eft appellée la Theriaque
des Allemans, & qu'enfin l'amas de
toutes les poudres , foit de racines,

écorces, femences, feüilles, fleurs,
ou autres ingrediens qui entrent dans
la Theriaque, doivent à bon droit
porter le nom de poudres Theriacales:
D'où l'on peut inferer que fi ces trois
chofes qui peuvent paffer pour des
Theriaques feparement, font jointes
enfemble, elles feront une triple Theriaque, qui fera veritablement divine
pour fes effets, & d'une force & vertu extraordinaire.

Or comme nous fommes amateurs
de la fimplicité, nous nous fervirons
pluftôt de la poudre de vipere toute
fimple, que non pas des Trochifques,
d'autant que la mie du pain, qui fert
à y donner la liaifon, n'eft d'aucune
efficace pour la Theriaque, fans alleguer les autres raifons que nous avons
de nous abftenir defdits Trochifques.

Nous prendrons donc premierement
la poudre de vipere fimple en tiers où
environ à l'égard des deux autres
Theriaques mentionnées, parce que
nous jugeons que la petite quantité,
qui en entroit dans celle des Anciens,
eftoit fi peu confiderable qu'elle ne

pouvoit y donner aucune vertu.

Secondement pour l'extrait de Geniévre, que nous fubftituons au lieu
du miel, dont les Anciens ufoient
pour incorporer leurs poudres, nous
pretendons qu'il a non feulement le
mefme effet pour lier & conferver les
poudres de la Theriaque, mais encore qu'il fait qu'elle fe diftribuë & penetre plus facilement dans les voyes
les plus éloignées, fans caufer ny
vents ny flatuofitez, ny aucunes des
autres incommoditez, dont on pouvoit à bon droit accufer l'ancienne
Theriaque à caufe des deux tiers du
miel qui entroient dans fa compofition; Ce qui en rendoit fouvent l'u-
fage fufpeçt, pour ne pas dire toûjours nuifible aux bilieux & melancholiques. Il feroit inutil de repeter
la maniere de preparer l'extrait de
Geniévre que l'on peut trouver décrite en fon lieu. Nous ferons feulement obferver qu'il faut qu'il foit un
peu plus liquide, à caufe de la feichereffe des poudres qui doivent y eftre
incorporées, pour compofer un remede en confiftence d'opiat. Sa quantité

doit eftre d'un tiers & plus, à proportion des deux autres, quoy qu'on
ne puiffe pas precifemeut la pref-
crire.

En troifiéme & dernier lieu, pour
l'amas des poudres qui fait la troifiéme Theriaque, ou pour mieux dire,
la troifiéme partie de la noftre, il
feroit difficile d'en donner & le de-
nombrement precis des ingrediens,
& les dofes exactes, parce qu'elles
dépendent des indications qu'en peut
prendre un prudent & fage Medecin,
& felon le befoin qu'en ont les perfonnes aufquelles il l'ordonne.

Nous ne mettrons donc icy que
fimplement & en general les parties
des plantes que nous jugeons plus à
propos d'employer pour cette compofition, lefquelles font entre les racines, celles de Gentiane, des Arifto-
loches, d'Imperatoire, de Scorfonai-
re, Dictame blanc, Biftorte, Tor-
mentile, Angelique, Carline, Rha-
pontique, Iris de Florence, Quinte-
feuilles, Pimpinelle fauvage, Con-
trahierua; toutes lefquelles racines
eftans tres-efficaces, doivent entrer

en dose plus forte que les drogues
suivantes, qui seront entre les autres
parties des plantes, ou écorces, feüilles, fleurs, ou semences, comme canelle, écorces seiches de citrons &
d'oranges, bayes de lauriers, les differentes especes de poivre, les sommitez de petite centaurée, de poüil-
lot, de calaminte, de germendrée,
d'hysope, Dictame de Crete, Scor-
dion, semence de chardon benit, d'a-
nis, de fenoüil, de mille-pertuits, de
pimpinelle sauvage, le stoëcas, le saffran, &c. On y peut ajoûter la myr-
rhe, le castoreum, le musc, l'ambre-
gris, &c. Mais sur tout il est à noter
que ces plantes ou parties d'icelles
doivent estre cueillies chacune en leur
temps convenable, seichées à propos,
mises en poudre subtile, & passées
par le tamis fin, & enfin toutes do-
sées selon la prudence du Medecin.
Que si l'on veut s'attacher & aux do-
ses & à la composition de la Theriaque d'Andromaque, on pourra la
chercher dans les livres où elle est
suffisamment décrite, quoy que les
habiles de ce temps jugent avec raison

ſon qu'on en peut oſter les ſucs de
régliſſe, d'opium, d'ypociſtis, les
gommes Arabique, Opoponax, la
calcite & tout plein d'autres ingrediens, dont on a peine à conjecturer
les raiſons, pour leſquelles les Anciens les ont fait entrer dans ce remede, puis qu'il eſt certain que la pluſpart de ces drogues ſont inutiles ou
peu convenables, & quelques-unes
meſmes contraires entr'elles, & ſe
détruiſans les unes les autres, de ſorte que c'eſtoit pluſtôt une confuſion
de divers medicamens, qu'une compoſition legitime.

Quelques-uns tireroient l'extrait des
medicamens ſus mentionnez, pour
faire une Theriaque Chymique, de
laquelle on peut voir la deſcription
dans du Cheſne la Violette & autres
autheurs. Mais pour nous, qu'il nous
ſuffiſe de faire ſimplement le mélange de nos dernieres poudres Theriacales bien doſées, & leur jonction
avec la poudre de vipere, puis d'incorporer le tout avec noſtre extrait de
G niévre, ayant neantmoins aupara-
v nt imbibé legerement ces poudres

Nn

d'un peu d'esprit de sel ou de quelqu'autre liqueur acide, pour avancer la fermentation qui doit s'ensuivre; & faire aussi que l'extrait de Geniévre se joigne mieux & pénétre plus lesdites poudres.

Si nous voulions icy nous expliquer d'avantage, & mettre toutes choses dans le détail, il faudroit faire un volume entier. Ce qui n'est pas nostre dessein, mais seulement de donner occasion aux Curieux de leur gloire & Amateurs de l'utilité publique ou de se servir de nostre idée ou d'y ajoûter ou diminuer ce qu'ils jugeront à propos pour mettre cette composition en sa derniere perfection.

Neantmoins si l'on veut estre instruict en general des vertus de cette excellente Theriaque, on doit estre persuadé qu'il est difficile de trouver un remede plus puissant pour purifier le sang, reparer les esprits, entretenir toutes les facultez du corps & de chacune de ses parties, pour fortifier l'estomach, aider à la digestion, cuire les humeurs crües, exciter les urines & les sueurs, en sorte que ce medi-

cament merveilleux doit paſſer pour
le plus grand antidote qui ſe puiſſe
trouver ſoit pour toutes ſortes de poi-
ſons venans du dehors, ſoit pour les
venins qui ſe peûvent engendrer au
dedans par la corruption & pourriture des humeurs. Outre qu'il peut non
ſeulement conſerver les forces & la
ſanté, & prevenir les maladies, mais
meſmes guerir les plus fâcheûſes &
les plus deſeſperées; comme la peſte,
fiévres malignes & contagieuſes, le
pourpre, la verole, rougeole, & auſſi
les maladies longues & croniques
comme les cachexies, hydropiſies, retentions des mois aux femmes, les
fiévres quartes & preſque toutes les
maladies qui proviennent des obſtructions des viſceres. Ou il eſt à remarquer que la doſe de ce ſouverain compoſé doit eſtre differente ſelon l'aage,
le temperament, le ſexe, la ſaiſon,
la couſtume & l'exigence des maladies, & qu'elle doit pareillement eſtre
moindre pour la preſervation & precaution, que pour la gueriſon; comme pour exemple, il ſuffiroit dans un
temps de contagion de prendre depuis

un scrupule jusques à une demie-drag-
me dudit oppiat, ou tous les jours,
ou de deux ou trois jours l'un, selon
la grandeur du danger & pour une
personne d'un aage mediocre. Au lieu
que si lon estoit attaqué de ladite contagion, il faudroit redoubler la dose
du remede, en quoy il est toûjours à
propos de prendre le conseil d'un
prudent & sage Medecin.

Pour achever cette famille des Animaux, il ne reste plus que de donner
icy quelques-unes des preparations
qui se peuvent faire sur les insectes,
pour servir d'exemple de ce que l'on
peut s'imaginer des autres.

CHAPITRE VII.

Des Insectes.

LEs Insectes s'employent ordinairement tous entiers, quoy que
les sentimens soient differents à l'é-
gard des Cantharides, dont Galien
autrefois conservoit les aisles & les

pieds, comme eſtant l'antidote de
leur propre venin : les modernes au
contraires rejettans les aiſles, les
pieds & la teſte, & n'employans que
le corps ſeulement, apres avoir fait
mourir leſdites Cantharides à la vapeur du fort vinaigre, pnis les avoir
ſeichées & miſes en poudre pour s'en
ſervir dans les veſiccatoires & corroſifs au dehors, & fort rarement au
dedans, parce que c'eſt un diuretique ſi violent qu'il feroit piſſer le
ſang, ſon venin s'attachant particulierement à la veſſie.

Entre les inſectes qui ſont le plus
d'uſage dans la medecine, & qui peuvent eſtre l'objet de quelques preparations Chymiques, nous n'en avons
gueres qui ſoient plus recommanda-
bles que les Cloportes, leſquels
eſtans de parties tres-ſubtiles & tenuës digerent, penétrent, couvrent,
nettoyent & detergent, & ſont d'u-
ne utilité tres-conſiderable pour les
obſtructions des viſceres, pour inciſer
les mucoſitez tartarées, & reſoudre la
pierre engendrée dans les reins, &c.
La maniere de les preparer n'eſt que

la calcination, apres les avoir bien lavez dans le vin blanc, puis mis dans un pot de terre bien luté & capable de refifter au feu, lequel on mettra au four ou fourneau pour eftre calcinez, puis eftans mis en poudre on les arroufera d'un peu d'efprit de vitriol, puis on fera fécher doucement cette poudre, pour s'en fervir depuis fix jufques à douze grains dans quelque vehicule convenable, felon le befoin du malade & la qualité de la maladie.

On pourroit encore donner quelques operations fur les vers de terre, dont la poudre fe prepare en la mefme maniere que celle des Cloportes, & a prefque les mefmes vertus. L'eau qui fe tire des vers de terre vivans, apres avoir efté lavez & nettoyez, eftant diftillée par le bain Marie, eft auffi d'une merveilleufe utilité pour l'hydropifie. Quant à l'huile qu'on en tire, tout le monde en fçait, & la preparation & l'ufage qui eft tres-fimple, c'eft pourquoy nous n'en mettrons rien icy. L'Abeille eftant entre les infectes la plus confidera-

ble, elle nous fournira de matiere
pour les preparations suivantes.

CHAPITRE VIII.

De l'Abeille.

L'Abeille par elle-mesme ou par
son travail nous donne dequoy
exercer quelques operations de la
Chymie. Premierement les Abeilles
estans desseichées au feu ou calcinées
& mises en poudre, puis incorporées
avec quelques graisses, comme sont
celle d'ours, d'oye, de chapons, &c.
reparent le defaut des cheveux, en
frottant souvent les parties qui en
sont destituées. Secondement par leur
travail elles nous fournissent le miel
& la cire dont nous allons parler.

Du miel, & de sa distillation.

LE Miel est trop connu pour nous
amuser à le descrire ; Nous nous
contenterons d'enseigner sa reduction

en diverses substances. Prenez trois
livres de Miel tiré de jeunes mouches , lequel est preferable à celuy
des vieilles, mettez-les dans une fort
grande cucurbite & la couvrez de
son alambic, & la placez au lieu de
sable & adaptez un recipient ; Lutez
en exactement les jointures , &
donnez bien petit feu pour faire sortir une eau phlegmatique, laquelle
monte au commencement, & doit
estre gardée à part : Continuez le
feu dans le premier degré ; car autrement le miel se rarefie par la trop
grande chaleur, & monte jusques à l'a-
lambic ; ce qu'il faut éviter, c'est pourquoy cette operation demande un Artiste fort patient. Il en sortira apres le
phlegme un esprit aigrelet , de couleur jaune, & à la fin un esprit rouge, avec un peu d'huile ; Il faut continuer la distillation jusques à ce
qu'il n'en sorte plus rien , puis laissez
refroidir les vaisseaux , & separez
l'esprit d'avec l'huile , & le rectifiez
par l'alambic au feu de sable. On
peut aussi calciner ce qui reste dans
la cucurbite, dans la premiere distillation,

lation, & en tirer un fel, mais en tres-
petite quantité. L'eau phlegmatique
peut eftre aiguifée de fon efprit acide & employée aux maladies des yeux
pour les mondifier, elle peut auffi fervir à faire croiftre les cheveux. L'efprit
eft bon contre les obftructions du
corps, pris jufques à vingt & trente
gouttes, dans quelque liqueur aperitive, ou dans fa propre eau, il fert auffi à
diffoudre le Mars & autres metaux,
& les reduit en forme de fel ou vitriol; l'huile eft bonne pour mondifier les ulceres rongeants. On peut
faire la quinte-effence & l'elixir de
miel, dont on trouvera la defcription
dans les Autheurs ordinaires.

De la diftillation de la Cire.

COupez en petits morceaux deux
livres de Cire, & les introduifez dans une cornuë de verre affez
grande, en forte qu'elle n'en puiffe
eftre remplie qu'à demy, placez-là
au fourneau de fable, & luy adaptez
un recipient, lutant exactement les
jointures ; Commencez par un petit

feu, en l'augmentant peu à peu ; il
en sortira premierement un peu de
phlegme, puis un esprit picquant,
apres une huile claire, & puis une
autre époisse comme beurre, & finalement un sel volatil, lequel s'attachera aux parois du recipient ; mais
en tres-petite quantité : Poussez &
continuez le feu, jusques à ce qu'il
n'en sorte plus rien, & pour lors
laissez refroidir les vaisseaux, & les
délutez : mettez dans le recipient une
livre d'eau mediocrement chaude,
afin de dissoudre le sel volatil, & le
joindre avec son phlegme & esprit,
puis separez l'huile par l'entonnoir ;
mais comme elle sera fort époisse,
il la faut incorporer avec de la cendre criblée, & la mettez dans une
cornuë, & la rectifiez : Gardez celle
qui sort au commencement pour l'u-
sage interne ; la derniere, laquelle sera encore époisse & butireuse, pourra servir pour l'exterieur : La liqueur
qui contient l'esprit & le sel volatil, peut-estre rectifiée & sublimée
en sel, de la mesme maniere que le
sel volatil de succin. L'huile subtile

& le fel volatil font de tres-excellens
remedes contre la retention de l'urine ; La dofe de l'huile eft depuis
quatre jufques à dix gouttes , & celle du fel volatil depuis cinq jufques
à dix grains dans quelque eau appropriée. L'huile butireufe eft fort refo-
lutive, appliquée exterieurement, &
redonne le mouvement aux membres
paralitiques, elle eft auffi bonne contre la fciatique, & les engelures.

Si la diftillation ne fuccede pas, il
faut fondre de la bonne cire , &
eftant en fufion il faut faire rougir
des morceaux de briques, & les imbiber, & par apres les pouffer comme l'huile de briques. La diftillation
finie vous garderez la moitié de voftre huile butireufe, & vous rectifierez le refte avec de l'eau dans un petit refrigeratoire ou dans une cucurbite au feu de fable. C'eft ainfi qu'il
faut diftiller & rectifier les graiffes.

CHAPITRE IX.

De la Manne.

COmme la Manne est une espece de miel etherée & celeste, nous la fesons suivre le miel commun. La Manne est une liqueur aërée, tombant en forme de rosée, dans le temps des æquinoxes, sur les arbres, & sur les herbes, où elle se condense peu à peu en grains, Elle est produite en plusieurs endroits d'Orient; mais celle dont on se sert en l'Europe, vient de la Calabre, dans le Royaume de Naples : Elle doit estre recente, blanche & d'une douceur agreable, & doit estre rejettée estant devenuë jaune & vieillissante; parce qu'elle pert une partie de ses esprits. On en tire par la distillation un esprit comme s'ensuit. Mettez deux ou trois livres de bonne Manne dans une grande cornuë, de laquelle les deux tiers demeurent

vuides, placez-là au fourneau de sable, & luy adaptez un recipient non
luté, & faites-en sortir par une tres-
lente chaleur une eau phlegmatique;
goustez-là de temps en temps, & dés
que les gouttes commenceront d'estre
picquantes, changez de recipient, ou
bien vuidez le premier, & le remettez; lutez-en exactement les jointures, & augmentez peu à peu le feu,
& le continuez, jusques à ce qu'il
n'en sorte plus rien : Laissez refroidir
les vaisseaux, délutez le recipient, &
mettez l'esprit dans une petite cucurbite, & l'ayant couverte de son alambic, le rectifierez au feu de sable ; Et
vous aurez un esprit clair, & d'un
goust picquant & acide, lequel est un
excellent sudorifique, & peut estre
employé dans les fiévres malignes,
& mesme dans toutes les autres ; Sa
dose est depuis demie dragme jusques
à une dragme, dans quelque liqueur.
Quelques-uns s'imaginent de pouvoir rendre l'or calciné en liqueur,
par le moyen de cét esprit, & luy
attribuent des vertus admirables ;
Mais je tiens que s'il arrive quelque

bon fuccez de tel or potable pretendu , il le faut attribuer à la vertu de
l'efprit.

Avant que finir cette Section , nous
toucherons un mot de la rofée , qui
fervira d'exemple pour les preparations que l'on peut faire fur des matieres feparées en quelque forte , des
animaux , vegetaux , & mineraux.

CHAPITRE X.

De la Rofée.

LEs Chymiftes ayans befoin de
beaucoup de liqueur , pour l'extraction de la vertu , ou meilleure
fubftance de quantité de vegetaux,
ils n'en ont jamais fceu trouver de
plus fimple & de plus nuë , & par
confequent plus propre à fe charger
de leur fubftance , que la rofée de
May , laquelle on rend pure en la
diftillant comme s'enfuit. Prenez
quelque quantité de rofée de May,
(laquelle abonde en efprit fubtil) &

en diſtillez environ la moitié par
des cucurbites au bain Marie, ou au
ſable moderement chaud, & rectifiez
une fois ce qui eſt diſtillé, n'en reti-
rant que la moitié, laquelle vous
conſerverez dans des phioles bien
bouchées. Cette eau ne ſert pas ſeulement de menſtruë pour les extractions, mais peut auſſi ſervir de vehicule à beaucoup de remedes, qui ont
beſoin d'eſtre delayez dans quelque
liqueur. On peut travailler de meſme ſur l'eau de pluye, mais il la faut
prendre au mois de Mars, environ
l'æquinoxe, auquel temps elle eſt
plus remplie de l'eſprit univerſel,
qu'en toute autre ſaiſon.

Nous finiſſons icy le Traité, croyans
avoir donné des exemples ſuffiſans
pour toutes les preparations Chymiques; Et comme nous n'avons rien
celé, & avons enſeigné toutes choſes le
plus clairement qu'il nous a eſté poſſible, nous eſperons que le Lecteur
curieux y trouvera en quelque façon
dequoy ſe ſatisfaire, & pourra ſuivant
nos regles entreprendre & parfaire
heureuſement toute ſorte de preparations. FIN.

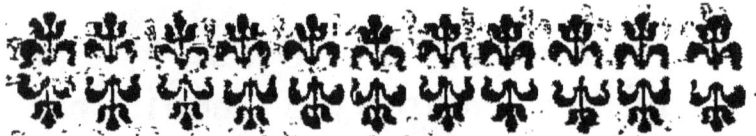

TABLE DES MATIERES
contenuës dans le premier Livre.

TABLE DES MATIERES
Contenuës au second Livre.

TABLE.

TABLE.

TABLE.

TABLE.

TABLE.

TABLE.

TABLE.

TABLE.

FIN.

www.ingramcontent.com/pod-product-compliance
Lightning Source LLC
Chambersburg PA
CBHW060525220326
41599CB00022B/3428